驚きの「リアル進化論」

池田清彦
Kiyohiko Ikeda

はじめに

進化論研究は私のライフワークで、これまでもたくさんの本を書いてきました。それなのに、こうして今、また新しい本を書いています。まあ、書けと言われたから書くんですけどね。

進化生物学の揺るぎないパラダイムだと信じ続けている人が多いのが、19世紀の半ばにダーウィンが提唱した進化論にさまざまな修正を加え、また、それ以外のアイデアも融合させた「ネオダーウィニズム」という学説です。ネオダーウィニズムというのは、進化はすべて「遺伝子の突然変異」と「自然選択」と「遺伝的浮動」で説明できるというものでした。

ただし今では、すべての進化がそれで説明できるわけではないことは、ネオダーウィニズムを信奉していた人たちも含めた多くの学者たちの一般的な認識になっています。「すべて説明できる」と言っていたのに、「すべてが説明できるわけではない」ことを認めてしまっていること自体、なんだか変な話なんですけどね。

それでも相変わらず、ネオダーウィニズム的なプロセスが進化の主因だとの考えが、学界でそれなりに支配的なパラダイムの地位を守っていられる秘訣は、その高い論文生産力にあります。学者として生き残るためには論文生産力の高いパラダイムに依拠していたほうがなにかと有利だからという事情もありますが、論文がたくさん出る本当の理由は、ネオダーウィニズムが完璧に正しい理論ではないからです。「すべてが説明できるわけではない」という不完全さが都合のいいほうに転んでいると言ってもいいでしょう。


完璧な理論として確立している学説は、それ以上研究する余地が残されていないので、学問としてはもうそこで終わりです。

例えば、ニュートン力学は、マクロの運動を司る法則としてこれ以上ないくらい完璧な理論ですから、全くつけ入る隙がありません。だから論文の書きようがないですし、書いたところで、「そんなの当たり前だ」と言われるのがおちでしょう。そんな論文は誰からも評価されませんし、実際、日本の大学には、ニュートン力学を研究する講座は今ではもう存在しません。

けれども、ネオダーウィニズムのような隙だらけの理論であれば、話は別です。Aという生物で、あるネオダーウィニズム的な説明がうまく合致したら、Bという生物でもそれが合致するかどうか調べるとか、Aでは合致してBでは合致しなければその理由を考えてそれを説明するアドホック（限定的）な補助仮説を提唱するとかいろいろやりようがあるのです。

そもそも「進化論」とはなんでしょうか？

何万年以上にもわたる地質学的な時間規模で、進化という「現象」を自分の目で見た人はこの世に誰もいません。誰も見たことがないものは「現象」ではありませんから、そういう意味で言えば、「進化」は現象ではないということになります。

一方、「生物の多様性」というのは誰もが目にする「現象」です。「世界初の進化論者」であるラマルクや「進化論の父」と言われるダーウィンが「進化」という仮説を思いついたのは、「生物の多様性」という現象を説明したかったからなのです。

もちろん現在は、種内の小さな進化（小進化）は観察することができます。この小進化という「現象」はネオダーウィニズムで説明できますから、そういう意味においては、ネオダーウィニズムが立派な進化理論であるのは間違いありません。

1970年代ごろから遺伝子工学が発達し、DNAを切ったり貼ったりできるようになったことで、自然界では偶然に起こる「突然変異」やその積み重ねを、かなりのところまで、人間は再現できるようになりました。

ところが、その「結果」は予想していたものとは大きく違っていました。DNAを切り貼りして、人為的に突然変異を起こすことを繰り返し、自然界であれば長い年月をかけて起こるようなことを再現してみても、多少変わった形のものができるだけで、少なくとも別の種に変化するような大きな進化を起こすことはできなかったのです。

その事実ではっきりしたのは、種内のレベルでの小進化はともかくとして、もっとダイナミックで、生物の多様性に直結するような大進化は、ネオダーウィニズムが主張してきたようなメカニズムでは決して起こらない、ということでした。

それは例外などといったレベルの話ではなく、ネオダーウィニズム的なプロセスですべての進化が起こるという話は完全に破綻したのです。パラダイムを根本から見直して、別の仮説を立てるべき事態になっていたと言っても過言ではありません。

けれども１９８０年代から１９９０年代にかけての少なくとも日本の主流の進化論者は、ネオダーウィニズムという錆びついたパラダイムにしがみつくことを選んだのです。

私は１９８０年代から、「ネオダーウィニズムは壮大な錯誤体系である」との確信を深め、ネオダーウィニズムとは全く異なる進化のメカニズムを考察する論文を書き始めました。

ネオダーウィニズム一辺倒だった当時の学界からは私が発表した論文はほぼ無視されましたが、自分の理論の優位性に自信をもっていた私はあまり気にしませんでした。

学界の主流に楯突くことはあまり得にはならないと考える人が多いのか、進化の標準理論としてのネオダーウィニズムを根本から見直そうという動きはあまり盛り上がる気配はありませんでした（今もあまりありませんが）。

この本では、進化論が2023年の今日までどのように変遷してきたかをたどりながら、ネオダーウィニズムの限界を改めて明らかにし、それを止揚するアプローチである「構造主義進化論」についての話を進めていきたいと思っています。

残念ながら大進化を実験的に起こすことができない以上、大進化のメカニズムを説明する実証的な理論は今も存在していません。しかし、さまざまなエビデンスを総合して最も合理的な仮説を立てることはできます。だからこそ、進化論の議論は面白いのです。

進化論に触れるのは高校の生物の授業以来という人にも、面白く読んでいただき、進化論への興味を深めていただければ、著者としてそれに勝る喜びはありません。

目次

はじめに —— 2

第1章 「種は不変」と「生物の多様性」のせめぎ合い

「進化」という概念の歴史は浅い —— 16
プラトンは「種は不変」と「生物の多様性」を両立させた —— 18
「イデア論」と矛盾する現象を指摘したアリストテレス —— 22
ボロ雑巾＋腐った牛乳でネズミが生まれる!? —— 24
意外な結末をもたらしたファン・ヘルモントの「柳の実験」 —— 26
パスツールが「自然発生説」の息の根を止めた —— 30
種が不変でないのは「天変地異」のせい？ —— 33
「進化」という概念を初めて論じたラマルク —— 37
初の「進化論」がバカにされた理由 —— 42

キュヴィエはなぜラマルクをいじめ抜いたのか?――44

第2章

「進化論」の誕生と拒絶反応

『動物哲学』が書かれた年に生まれた「進化論の父」――50
ダーウィンは親ガチャに勝って「ビーグル号」に乗った――54
「進化論」という仮説の誕生――57
ダーウィンの「進化論」に影響を与えた「人口論」――60
生物という性質をもっているものは必ず進化する――62
ダーウィンを慌てさせたウォレスからの手紙――64
ダーウィン不在で発表された「自然選択説」――66
裕福な暮らしのなか、生涯病気がちだったダーウィン――70
『種の起源』というタイトルに偽りあり?――74
『種の起源』出版後に巻き起こる大論争――77
ダーウィンは「進化」を「進歩」と結びつけていない――80

「用不用説」と「自然選択説」の違いとは？ —— 85
「段階的な本能の発達」に対するファーブルの批判 —— 90

第3章 科学になった「進化論」

「混合遺伝説」を否定する必要性 —— 94
形質の遺伝の法則を発見したメンデル —— 96
メンデルは「染色体の減数分裂」を予言していた！ —— 100
ダーウィンはメンデルの論文を知っていたのか？ —— 108
20世紀の生物学界を席巻したメンデリズム —— 111
ダーウィニズムはすっかり失墜していく —— 114
「ネオダーウィニズム」という新たな潮流 —— 116
オオシモフリエダシャクの工業暗化 —— 119
「集団生物学」の発展と「分子生物学」の勃興 —— 122
「分子進化の中立説」を提唱した木村資生 —— 123

分子レベルの変異に自然選択はかからない――125
「分子時計」で生物の分岐時期がわかる――131

第4章 ネオダーウィニズムの限界と「構造主義進化論」

ネオダーウィニズムが整合的な側面は確かにある――136
ヒトの「はだか」はなぜ淘汰されなかったのか――141
自然選択だけでは進化のすべてを説明できない――143
「自明の前提」への大いなる疑問――147
形質の変化は意図的には起こせない――149
生物は形質に適した環境を探して生きていく――153
ちょっとくらい不適応でも生物は立派に生きられる――155
「能動的適応」こそが生物本来の生き方である――158
ネオダーウィニズムで「はだか問題」は解けない――161
無毛という形質が不可避に生じた可能性――163

遺伝子と形質は一対一で対応しているわけではない —— 166
DNAをどれだけ改変しても大きな進化は起こらない —— 167
本質的な進化のメカニズムは別にある —— 170
生物の形質を決めるのは遺伝子ではない —— 172
遺伝子が、いつ、どこで発現するかで形質は変わる —— 175
目を形成する遺伝子はヒトもショウジョウバエもほぼ同じ —— 178
遺伝子の「発現パターン」は変えられる —— 181
重要なのは「遺伝子をどう解釈するか」 —— 184

第5章 「構造主義進化論」で「種の起源」から振り返る

進化とは「発生プロセス」の変更である —— 188
「遺伝子を取り巻く環境の変化」で形質は大きく変わる —— 190
そもそも最初の生物はどのようにして生まれたのか —— 193
熱水噴水孔ならタンパク質が生まれ得る —— 197

原始的な進化のプロセスはタンパク質→RNA→DNA —— 200
すべての生物の共通の祖先は古細菌？ —— 202
大量の酸素を出して天下をとった「シアノバクテリア」 —— 203
真核生物は「細胞内共生」によって生まれた可能性が大 —— 205
地球環境の激変でDNAの使い方が変わった！ —— 207
エピジェネティックな変更は遺伝する場合がある —— 212
環境は生物のどこに作用するのか —— 215
生物の激的な多様化は地球環境激変の時期に起きている —— 220
生物は単純になるより、複雑になるほうが簡単 —— 225
新しいシステムが一気に定立するのが大進化 —— 228
アクシデントで起こる大進化の実証はおそらく不可能 —— 232

おわりに —— 234

第1章

「種は不変」と「生物の多様性」のせめぎ合い

「進化」という概念の歴史は浅い

車が進化したとか、パソコンが進化したとか、世の中の人たちは、「進化」ということばを「進歩」と混同して使っていますが、生物学的な意味における「進化」とは「世代を継続して生物の形質が変化すること」であって、そこには必ずしも、「進歩」というコンセプトは入っていません。そういう意味から言えば、「退化」も進化の一つのかたちだと言えるのです。

もう少し噛み砕くなら、「今までと全然違う形質が現れて、その形質が次の世代に引き継がれる」というのが進化であって、次の世代に遺伝しないのだとしたら、それは進化ではありません。

例えばあなたがジムでとことん体を鍛えて、筋肉隆々な姿かたちにガラリと変わったとしても、そのような獲得形質は遺伝しません。

あなたの体はある意味進歩したのかもしれないですが、それが子どもに受け継がれることはあり得ませんので、それは進化とは呼べないのです（ただし、最近ではある獲得形質の中には遺伝するものがあると考えられています。それについてはのちほどお話しします）。

「生物が進化する」という概念の歴史は浅く、そういう考えが生まれたのは、今からつい200年くらい前のことでした。それまでの時代を生きた人々は、生物が世代を継続して変化をするといったことをほとんど考えたりはしなかったようです。

なぜかというと、「種は不変だ」という考えが当たり前の真実として信じられていたからです。

もちろん親と子では体つきや顔つきが違うのはわかっていたので、生物の形が全く変わらないなどと思っていたわけではありません。

じゃあ、何が不変なのかというと、人を人たらしめている、あるいは犬を犬たらしめている、「種としての本質」です。

要するに多少見かけは変わっても、人の本質はずっと人であり、犬の本質はずっと犬だ、と考えていたわけですね。

もっと言えば、人は最初からずっと人で、犬は最初からずっと犬だったということが当たり前に信じられていたのです。

プラトンは「種は不変」と「生物の多様性」を両立させた

その理由を最初に説明したのは、古代ギリシャの哲学者であるプラトン（BC427－347）です。

プラトンは「イデア論」というものを説きましたが、プラトンの言う「イデア」とは「ある物事の中に入っている、物事を物事たらしめている本質」のことです。

ちなみにこのイデアは、「ちょっとした思いつき」といった意味合いをもつ英語の「idea」の語源でもありますが、古代ギリシャではそれとは別の意味で使われていました。

それはともかくとして、プラトンが言うには、「人間がなぜ人間なのかというと、人間を人間たらしめている『イデア』をもっているから」なんですね。同じように犬がなぜ犬なのかというと、犬を犬たらしめているイデアをもっているからなのです。

世界に1000種の生物がいるのなら当然1000種のイデアがあります。

そしてそのイデアが取り憑けばその生物になり、離れれば形がなくなります。それがすなわち「死」だということになるわけです。

人間は人間のイデアが取り憑いて生まれてくるし、犬は犬のイデアが取り憑いて生まれてくる。また、イデアというのは「形相」であって、すなわちそこには形を決める内在的な力が想定されている。だから、人間なら人間、犬なら犬の形相に向かって進んでいく。ただし、具現されるのは完璧なイデアではなく、イデアの「エイコーン（似像）」なので、人間も犬もそれぞれ少しずつ理想のイデアとは異なっている。その後イデアが離れると、形相がなくなっていくので、人間という形も、犬という形も失われてゆく。イデアそのものは目に見えないけれど、あらゆるものの本質であり、物とは独立の、重さも大きさもない不変の存在と想定される——。

こういったことがプラトンの考えです。

プラトンの説は実にシンプルでわかりやすくて、当時から人々が抱いていた「生物はどうやって生まれるのか」「生物はなぜ死ぬのか」「なぜこんなにもたくさんの種類の生物がいるのか」といった疑問に対する答えを見事に説明しています。

そういう意味からすると、「イデア論」という観念論（物質より理性に原理的根源性を置く哲学）は、生物学的に見れば生物の多様性を何とか説明しようとした理論の一つだとも受け取れます。

そして、「イデア論的発想」は今も根強い力をもっています。

例えば人は死んでも魂は残り、その魂をもってまた生まれ変わるという霊魂不滅説などは「イデア論」と重なりますし、自分の遺伝子は子や孫に宿って永遠に生き残るみたいな発想だって、イデアをＤＮＡに置き換えているだけの話のようにも思われます。

人間の考えというのは、プラトンの時代からあまり進歩していないのかもしれません。

プラトンの「イデア論」もそうですが、不変の同一性を仮定して、世界を解釈しようとするのはまさに西洋哲学や科学の伝統です。

東洋哲学の場合は「世の中は無常である」と考えるし、私自身も「世界は無常である」ということだけを信じている人間ですが、そのような流転する現象の中にとにかく何らかの同一性を見つけ出して、それを最終的な根拠としたがるのが基本的な人間の性なんでしょうね。

何はともあれ、プラトンの「イデア論」によれば、人間のイデアがある限り、人間は永遠に人間で、犬のイデアがある限り、犬は永遠に犬です。

そうすると種はすべて不変だというのは当然の話になります。

そして、ここは非常に重要なポイントなのですが、種は不変という考え方は、「種は神がつくった」とするのちのキリスト教の世界観と実にうまくマッチするのです。

だからこそ、「種は不変」という考えは、その後も相当長きにわたり世の中を支配することになったわけです。

「イデア論」と矛盾する現象を指摘したアリストテレス

やがて強い説得力があるプラトンの「イデア論」にも疑問を抱く人が出てきます。

それが、プラトンの弟子だったアリストテレス（BC384－322）です。

アリストテレスもイデアの存在自体は認めていたのですが、それが物と独立して存在する、という部分にどうも引っかかっていたようです。

人間とか犬のような動物が死ぬと腐敗して形がなくなってしまうのは確かだとしても、プラトンよりもたくさんの生物を観察していたアリストテレスは、例えば昆虫類などのように死んでも形が変わらないものがたくさんいることを知っていました。だから、イデアが抜けて形相がなくなる、というのはおかしいのではないかと考えたのです。

ところが、独立した存在でないのであれば、イデアは人間なり、犬なりにずっとくっついていることになります。

だとすると、人間も犬もいつまでたっても形は変わらず、死ぬこともないはずです。

とはいえ実際には、人も犬も年齢とともに形を変えますし、やがては必ず死んでいきます。そもそも、最初からイデアがくっついているのだとすれば、人間や犬がいったいどこから生まれてくるのかも説明できなくなります。

つまり、「イデア論」を否定してしまうと、どうにもこうにもすべてが破綻してしまうのです。アリストテレスは相当頭を悩ませたことでしょう。

それでもアリストテレスはどうにか説明する方法を考えつきました。

それが、この世界を形づくっている原因は4つだと想定する「四因説」です。

4つの原因とは、材料を決める「質料因」、形を決める「形相因」、目的を定める「目的因」、ものを起動させる「運動因」で、これらを適当に組み合わせることで、生物の発生や死を考えようとしたわけですね。

ただし、残念ながらこれは、あまり論理整合的な説明だとは言えません。

アリストテレスが「イデア論」に納得できず、苦し紛れに出した自らの説が論理整合的でなかったのは、観察で得た事実を重要視したことの裏返しでもあります。頭の中だけでならいくらだって都合のいい理論を打ち立てることはできますが、実際の生物を見ていると、わけがわからないことがたくさんありますからね。

そして目で見える現象を重視すればするほど、一つの理屈でうまく説明することはどんどん難しくなります。だからアドホック（限定的）な説明をつけ加えざるを得なくなるのですが、こうなると、もはや理論とは言えなくなります。

言い換えるなら、うまく立てたはずの理論を、目の前で起きている現象がやすやすと反証していくのが生物学を含めた自然科学の宿命なのです。

進化論も含め、あらゆる生物学の歴史は、「ある現象による理論構築」と「別の現象による反証」の繰り返しだと言ってよいでしょう。

ボロ雑巾＋腐った牛乳でネズミが生まれる!?

原始的な生物は無生物から発生する、つまり「生物は自然発生する」というのも、アリストテレスの考えでした。

また、小動物や昆虫は腐肉や排泄物から「異種発生する」とも考えていたので、例えば寄生虫は人間のお腹の中の腐った臓器から発生するというのがアリストテレスの説だったのです。

プラトンとは違うかたちで、生物の多様性をなんとか説明しようとしたわけですね。虫なんか食べた覚えがないのにお腹の中から大きな寄生虫が出てくることを不思議に思っていた人にとっては、内臓から自然に発生したという説は、「なるほど！」と思わせるところがあったでしょう。

このような「自然発生説」は6世紀から17世紀ころまでの長きにわたりヨーロッパでは「常識」となっていて、それを実証するための実験を行った人物もたくさんいました。

ヤン・ファン・ヘルモント（1577－1644）という生物学者は、「倉庫にボロ雑巾を置いて、そこに腐った牛乳をかけて何日かおくと、そこからネズミが自然発生した」という論文を書いています。

まあ、こんなことはあり得ませんから、倉庫を密閉したつもりがどこからかネズミが紛れ込んできただけの話だと思います。もしかすると密閉さえしていなかったのかもしれません。

このような隙だらけの実験結果を見せられて納得するほうもどうかと思いますが、それだけ当時は「自然発生」というのが疑いようのない事実だと思われていたということでしょうね。

意外な結末をもたらしたファン・ヘルモントの「柳の実験」

今の私たちからすればあり得ないほど雑な実験をして、笑っちゃうような論文を堂々と書いているわけですが、実はこのヤン・ファン・ヘルモントという人はほかにも医学者、そして錬金術師といった肩書ももっていて、当時の人からするとものすごく偉い学者だったのです。

まあそれも、ネズミの論文の信憑性を人々に植えつけた原因だったんでしょうね。

この人にはほかにも面白いエピソードがあって、その中の一つが「柳の実験」の顚末です。

彼が行ったその実験の内容と結果はだいたい次のようなものでした。

1、カラカラに乾燥させて事前に重さを量っておいた土を植木鉢に入れ、そこに柳の苗木を植えて、毎日水だけを与える。

2、5年後に成長して大きくなった柳を抜き、残った土を再び乾燥させて重さを量ると、その重さは5年前に量ったときから0・1％ほど軽くなってはいたが、ほとんど変わらなかった。

1と2の実験結果からファン・ヘルモントが導き出したのは、「植物は水だけを栄養源として生育する」という結論です。

これが間違った結論であることは、今なら高校生でもわかるでしょうが、ファン・ヘルモントは「水こそすべての物質の根源である」という考えをもっていた人なので、この実験もそれを証明するために行ったのだと思います。

要するに彼自身は「ほんの少し軽くなった」ことを、誤差の範囲内だと判断して、完全にそれを無視することで、自分が望むけれども、実際には間違った結論を導いたわけです。

ところがラッキーなことに、彼はそのときのデータを忠実に取っていました。

もちろん本人はそれを「ほとんど変わらない」と判断した証拠にするためだったのですが、90・72kgから90・66kgという具体的な数字も提示しながら「土の重さはほんの少し軽くなった」とちゃんと書き留めていたのです。

あとになって、植物の生育には無機物が必要であることがわかってきました。つまり、ファン・ヘルモントの「柳の実験」で5年後に土が「ほんの少し軽くなった」のは、その分の無機物（ナトリウム、マグネシウム、窒素、リン酸、カリウムなど）を植物が吸ったせいだったんですね。

つまり、それらを養分として植物が育っていることをファン・ヘルモントの実験は証明していたのです。

そんな紆余曲折を経て、ファン・ヘルモントの「柳の実験」は、「植物が無機物を必要とすることを証明した世界最初の実証実験」として評価されるようになりました。今はどうかわかりませんが、少し前までこの話は高校の生物の教科書にも載っていたはずです。

そもそもファン・ヘルモントは「植物が水だけで育つ」ことを実証しようとしていたわけなのに、それとは真逆とも言える事実を実証することになってしまうとは、皮肉な結末ですね。

植物の「無機栄養説」は、「最小律」(植物の成長は必要な物質のうち最も少ないものによって決まるとする説）とともに、植物学者のカール・シュプレンゲル（1787－1859）によって1820年代に定式化されました。

これは「柳の実験」から遅れること約200年だったわけで、泉下のファン・ヘルモントは自分が「無機栄養説」の発見者と言われて、面映ゆく思っているでしょうね。

なお、ユストゥス・フォン・リービッヒ（1803－1873）が植物の「無機栄養説」と「最小律」の最初の定式者だという人口に膾炙《かいしゃ》する話はどうやら間違いのようです。

パスツールが「自然発生説」の息の根を止めた

かなり雑でテキトーなネズミの実験結果を素直に受け入れてしまうくらい、確固たる事実であると信じられていた「自然発生説」を否定する実験を初めて行ったのは、フランチェスコ・レディ（1626－1697）という人です。

彼が行った実験内容はおおむね以下です。

1、腐った魚を用意して2つの容器に入れ、一方には何も被せず、もう一方は目の細かいガーゼで覆っておいた。

2、しばらくそのままにしておくと、ガーゼで覆ってないほうにはたくさんのハエがたかり、ウジ（ハエの幼虫）がたくさん発生した。しかし、ガーゼで覆ったほうにはまったく発生しなかった。

この実験結果をもってレディは、ウジは自然発生しているわけではなく、ハエが卵を産みつけることで発生すると結論づけたんですね。

今となればこの結論は当たり前すぎますから、なんともくだらない実験をしたものだと感じるかもしれませんが、何しろそれまでは、こんな初歩的な実験を誰も思いつきもしなかったのですから、これは大きな進歩だと言ってよいでしょう。

考えてみれば、日本語の「ウジが湧く」という言い方も、あたかも勝手に生まれてくるみたいな印象を感じさせる表現です。だからこういうのは日本人も自然発生を信じていたことを示す名残なのかもしれないですね。

レディの実験あたりから、それまで頑なに信じられてきた「自然発生説」というものは、徐々に旗色が悪くなっていきます。

18世紀になると、さすがにネズミの自然発生を信じるような人はいなくなって、自然発生自体にも疑問を感じ始める人たちが少しずつ増えてきました。

種はすべて神がつくったとするキリスト教の教義的には、「自然発生はない」ほうが矛盾もなく適合的でしたから、この時期のキリスト教と最先端の学説は蜜月関係にあったようです。

それでも、今で言うところの原生動物のような微小生物はやはり自然発生するのではないかという考えをもつ人は根強くいて、例えば、「密閉した容器の中では微生物は発生しなかった」という実験結果で自然発生を否定しようとする人がいたとしても、自然発生が起きなかったのは密閉したことで「新鮮な空気」が不足したせいだ、などとイチャモンをつけてきたりして、両者に完全なる決着がついたのは19世紀の半ばになってからです。

その立役者となったのが、「近代細菌学の開祖」と呼ばれるルイ・パスツール（1822－1895）でした。

彼は、新鮮な空気は入るけれども微生物は入りにくい特殊なフラスコ、いわゆる「パスツールのフラスコ」に煮沸した肉の煮汁を入れておくと、普通のフラスコに比べ、微生物がきわめて発生し難いことを確認しました。

1860年ごろに行われたこの実験をもって、「自然発生説」は息の根を止められたのです。

種が不変でないのは「天変地異」のせい？

そもそも、今の我々からするとかなり怪しげに思える生物の自然発生説が、なぜこんなにも長く支持され続けたのでしょうか。

その理由こそがまさに、この章の初めに書いた、長きにわたって人々が「進化」という概念をもたず、「種は不変」と思い込んでいたことにあります。

その一方で、人々の頭の中には、世の中にはなぜこんなに多種多様な生物が存在するのかという疑問が常につきまとっていました。

でも、種が不変だと思い込んでいる以上、「種が分岐する」などという考えは浮かぶはずがありません。

そうなると、生物はどこからか自然に湧いてくるとか、ある生物の内臓などから別の生物が自然に生まれてくるというふうに考えるのが、最も「合理的」だったのでしょうね。

それでもパスツールによって「自然発生説」が否定されるより前の18世紀の終わり

ごろには、「生物は太古から現在まで不変ということはないのかもしれない」と考える人が、知識人の中にちらほら現れ始めます。

その中の一人が、非常に優れた比較解剖学者で、化石動物の研究によって古生物学の基礎を確立したと言われている、パリの自然史博物館のジョルジュ・キュヴィエ（1769−1832）です。

キュヴィエは土の中から発掘される動物の化石を調べて、現在の動物とは異なる動物がかつては生息していたことを発見します。

有名なのは古代のゾウの発見で、キュヴィエはそれが現在のゾウとははっきり異なる種であることを認め、「マンモス」と名づけて、1796年の王立科学芸術協会で発表します。

また、それと同じ年に、南米からもたらされた巨大なナマケモノの化石を「メガテリウム」と名づけ、新種として発表しました。メガテリウムは、今ではもう滅んでしまいましたが、つい1万年前くらいまでは南米に生息していた、体重が4tにも及ぶ哺乳類です。

ほかにもキュヴィエは「マストドン」というゾウの化石種の研究もしています。

そんなキュヴィエが自然史博物館に職を得た18世紀の終わりごろ、パリの墓地が足りなくなって、遺骨をどこか別のところに移す必要が生じました。

実はパリのモンマルトルあたりの地下は石膏層になっていて、ローマ時代から石膏の採掘のために、たくさんの坑道が掘られていました。そこで、溢れた遺骨をその坑道に移す計画が進められたのですが、そのプロセスでたくさんの化石が発見されたのです。

それを熱心に調べていたキュヴィエは、かつてそこで生息していた動物たちが現在の動物とは全く違うとの確信をますます深めていったのです。

また、優れた比較解剖学者であり、実証主義者であったキュヴィエは、動物の形態を深く研究して、すべての動物は互いに変換不可能な4つの類型に分類できると考えました。すなわちそれが、「脊椎動物」「軟体動物」「関節動物（＝節足動物）」「放射動物（＝棘皮《きょくひ》動物）」で、これらの動物たちの形態の間を架橋する論理はないと論じたのです。

ダーウィンの進化論を信じている現代の生物学者は、これらの動物たちの形態の不連続性を架橋する何らかのプロセスがあるに違いないと考えざるを得ないのですが、実証主義者だったキュヴィエは、進化などという当時の学問水準では実証不可能なことに言及するのは愚かなことだと思ったのでしょう。

古代の動物と現代の動物の不連続性を説明するためにキュヴィエが持ち出したのが「天変地異説」です。何らかのカタストロフィー（破滅的な災害）が起きて、その当時生息していた動物は絶滅し、新しい動物にとって代わられたとキュヴィエは考えたのです。これが当時の聖書の信奉者からはノアの洪水のことだと都合よく解釈され、キュヴィエはノアの洪水を信じた人物として、のちの進化論者からは嘲弄の的にされています。

ただしキュヴィエ自身はキリスト教原理主義を信じてはおらず、ノアの洪水という一回だけのカタストロフィー説も信じていませんでした。単に昔の動物が絶滅した原因を時々起こるカタストロフィーで説明しただけで、だからそれ以上のことについては言及を避けています。そもそも古い生物が絶滅したあとで、どのようにして新しい生物が出現するかは、当時の科学的知識では説明不能だったのです。

詳しくは第5章でお話ししますが、古生物学の研究が進んだ現代では、多細胞生物が出現した約6億年前から現在まで、合わせて6回の大絶滅が起き、そのあとで新しい生物が出現したことがわかっています。これは環境の大変動が原因であることもわかっているので、キュヴィエのカタストロフィーによって絶滅が起きたという考えそのものは基本的に正しかった、ということになりますね。

ただしキュヴィエは進化論そのものを信じていなかったので、それを進化論の文脈で説明することはしなかったのです。

「進化」という概念を初めて論じたラマルク

キュヴィエは生物の形がドラスティックに変化することを「天変地異説」で説明しようとしましたが、どうにもそれじゃ納得がいかないという人が現れました。

それがキュヴィエとは自然史博物館での同僚にあたるジャン＝バティスト・ラマルル

ク（1744－1829）です。

ラマルクはもともと植物学者で、パリの王立植物園で植物分類の研究をしていましたが、フランス革命のドタバタでその植物園が自然史博物館に改組されて、今でいうところの無脊椎動物（このことばもラマルクが命名したものです）の部門に左遷されました。

なぜ左遷なのかというと、当時は植物や脊椎動物の研究のほうが格が上とされていて、無脊椎動物の研究は閑職扱いされていたからです。

メジャーな学問とマイナーな学問が存在するのは、いつの時代も同じですね。

ラマルクは非常に真面目な人だったので、それでも熱心に無脊椎動物の研究に取り組んでいました。

そして、独自の理論を展開するに至ったのです。

ラマルクの考えた第一原理は、簡単に言えば、「微生物は常に自然発生しており、その自然発生した下等な生物が直線的に高等生物になっていく」ということです。まずはゾウリムシとかミドリムシのような下等な生物が自然発生し、それが世代を重ねるごとにだんだんと高等になっていく、というわけです。

なぜ、こんなことが起きるのかと言えば、生物は下等から高等になる内在的な力をもっているからだ、というのがラマルクの基本的な考えでした。

ラマルクの説によれば人間も、はるか昔に自然発生した下等な生物が、徐々に高等になっていった結果たどり着いた形であって、人間が世の中で最も高等な動物である理由は、ほかのどんな動物よりも早くに自然発生していたせい、ということになります。

そういう意味からすると、サルみたいな人間より少し下等な動物は人間より少しあとに発生した動物の子孫であり、逆にゾウリムシなどの最も下等な生物はつい最近自然発生した、ということになりますが、生物は次ページの図のように右上がりに下等から高等へと進んでいきますから、サルもゾウリムシもいずれ人間になるという理屈ですね。

つまり、ラマルクの進化論の根底に流れていたのは、進化法則はすべての時空間ですべて一緒だという「進化時空間斉一説」なのです。

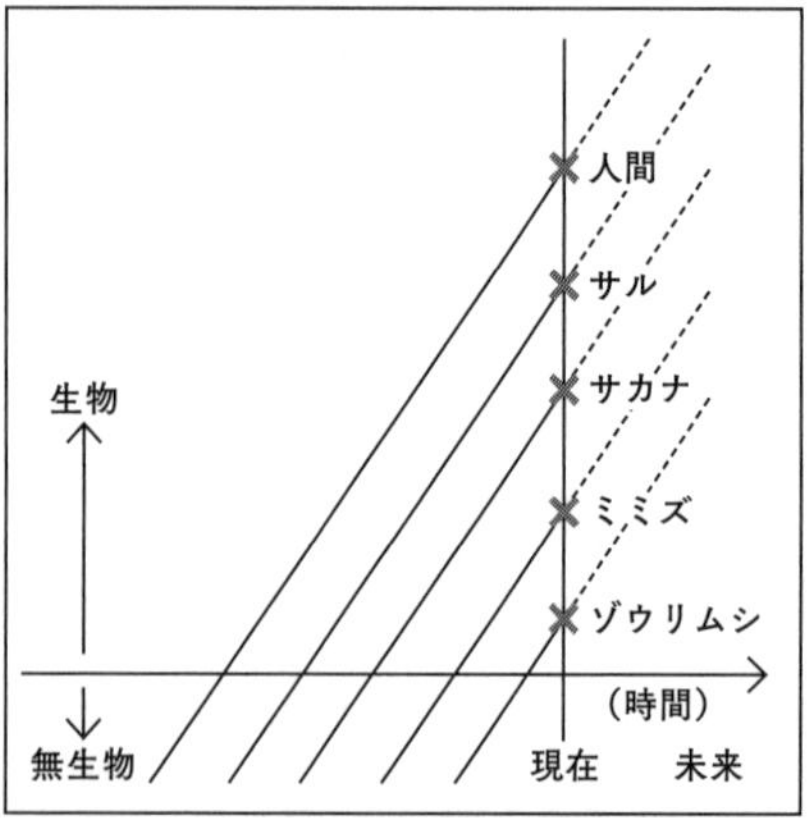

ラマルクは下等な生物が直線的に高等な生物になっていくと考えた。この理屈でいくと、サルもゾウリムシもいずれ人間になる。※『さよならダーウィニズム』(講談社選書)をもとに作成

ただ、生物がすべてある方向に進化していくのだとしたら、生物はなぜ高等から下等まで直線的に並ばないのかという疑問が湧きます。だって、実際の生物はあまりにも多様であり、どちらが高等でどちらが下等なのかが判然としないケースはたくさんありますからね。

例えばカブトムシとクワガタムシではどちらが高等かと聞かれても、答えはきっと見つからないでしょう。

そうした疑問はラマルク自身も抱いていたようで、考えた挙げ句に第二原理として、以下のようなことを考えました。

生物というのは、自分が棲んでいる場所に適した器官を発達させ、いらないものを捨ててい

く。そして、発達した器官は遺伝する。だから、たまたま水の中にいた生物と、たまたま陸にいた生物とでは、発生した年代が同じでも形が変わってくる。つまり、生息条件の違いによって、どちらが高等かわからなくなってしまう――。

こうやって「用不用説」と呼ばれる補助仮説を打ち出して、第一原理の矛盾を解消しようとしたのです。

第一原理も第二原理も今では一般には否定されていますが、ラマルクが生物の多様性を、世代を継続しての変化、つまり「進化」というこれまでになかった概念で説明しようとしたのは間違いありません。

これらの考えをラマルクが『動物哲学』という本に著したのは1809年で、この後で登場する、かのチャールズ・ダーウィンが有名な『種の起源』を発表したのは1859年ですから、それより50年も前なのです。

確かに『動物哲学』の内容自体はいろいろダメなところがあって、今の進化論の常識からすると基本的には間違っています。

ただ、生物の多様性は進化の結果であると明確に論じた、世界で初めての本であるのは間違いありません。

初の「進化論」がバカにされた理由

ダーウィンはのちに「進化論の父」と呼ばれましたが、ラマルクは「世界初の進化論者」と言えるでしょう。ラマルク以前にもビュッフォン、ディドロ、ドルバックといった思想家たちが、進化思想の萌芽と見られる言説を述べていますが、いずれも体系化されておらず、論理整合的に体系化したのは、(結果的に間違っていたとはいえ)ラマルクが最初です。

しかし、彼の考えた「進化論」が当時の最先端だったかと言えば実はそうではありません。むしろ、時代遅れの妄言だと解釈され、学界の評価も非常に低かったのです。

その理由の一つは、当時からすでに否定派のほうが優勢だった自然発生を前提にしていたことです。

実際、1860年前後にパスツールによって自然発生が否定されたことで、ラマルクの学説は完全に凋落しました。

ただ、ラマルクが『動物哲学』を書いたときに、多くの学者たちから非難された最も大きな理由は、ラマルクの思想があまりにも思弁に偏った古くさい哲学だと捉えられたことでした。

自身の「天変地異説」にケチをつけられる格好になったキュヴィエは、ラマルクより25歳も年下なのですが、数多くの生物をつぶさに観察したり、解剖したり、あるいは化石を再現したりして、さまざまな生物の機能や形態を熟知していました。だから、その論拠は常に具体的だとして高い評価を受けており、キュヴィエは当時のパリの学界を牛耳る大立者だったのです。

キュヴィエが得た比較解剖学のデータからすると、生物の多様性に完璧な序列や連続性などは存在せず、断絶していることは明らかでした。

また、先にも述べたように、動物は「脊椎動物」「軟体動物」「関節動物」「放射動物」という4つの大きなグループに分類できるとキュヴィエは提唱しており、これらの間の連続性を認めませんでした。

けれどもラマルクの説によれば、基本的に生物は下等なものから高等なものまで隙間なく並べられることになります。動物の形態の差異と同一性を深く研究していたキュヴィエからすると、そんなことはあり得ないわけで、ラマルクがつくりあげた「進化論」は、事実に基づかない思弁の産物だと思ったのでしょう。

まあ、はっきり言えばバカにしていたのでしょうね。

キュヴィエはなぜラマルクをいじめ抜いたのか？

ラマルクがパリ自然史博物館が開設された1793年以来の教授だったのに対し、キュヴィエはそれから2年後の1795年に招聘された「後輩」でした。ラマルクの同僚でもあり、やはり開設以来の教授だったジョフロア・サン＝ティレール（1772－1844／のちに、パリ・アカデミー論争という、動物の原型をめぐる論争でキュヴィエと激烈なバトルを展開したことで知られています）に軟体動物の研究が認められ、助手に採用されたと言われています。

比較細胞学での抜群の知識もさることながら、社交界における人心掌握術にも長けていたキュヴィエはその後、パリの学界と政界でトントン拍子に出世します。フランス革命後の混乱を収めて軍事独裁政権を樹立したナポレオン1世にも気に入られた彼は、学界の要職を歴任するようになったのです。

そんなキュヴィエは、ラマルクの「世代を継続して生物が進化していく」という思想がことのほか嫌いでした。ナポレオンにまで「ラマルクは無神論者だ」と吹き込んだと言われており、だからナポレオンもラマルクをバカにするようになったと思われます。

1809年のナポレオン列席の会でラマルクは、ほかの学者と同じように、出版したばかりの自分の著書『動物哲学』を献上しました。

ところが、ナポレオンからは「こんなバカげた気象学の本はお前の名折れになるだけだ」と言われてしまいます。確かにラマルクは若いころ、気象学の研究もしていたようなのですが、そう言うナポレオンに対してラマルクが「陛下に献上したのは、動物学の本でございます」と返したという逸話が伝わっています。侮蔑されても自分の信念を貫いたラマルクが立派だったかどうかはわかりませんが、ラマルクが当時のパリの社交界に居場所がなかったのは確かでしょう。

ラマルクの晩年はかなりお金に困っていて、さらには失明もしてしまうという不遇なものであったようですが、娘のロザリーとコルネリーに助けられ、1822年には『無脊椎動物誌』全7巻を完成させています。亡くなったのはそれから7年後の1829年ですが、墓を買うお金がなく、パリのモンパルナスにある共同墓地に葬られています。

実はラマルクの葬儀で、キュヴィエが読んだ弔辞はラマルクを貶める内容だったという話も伝わっていて、キュヴィエがラマルクを徹底的にいじめ抜いたのは間違いありません。しかし、聡明で地位も名誉も手にしていたキュヴィエがラマルクのことをここまで嫌ったのは、「種は不連続である」という信念が、「種は連続的に変わる」という考えにいつか敗れ去る日が来るのではないか、と怯えていたことの表れだったのかもしれません。その後、実際そうなったわけですしね。

パリ植物園の正面のすぐ近くにはラマルクの像があり、その台座の裏側には盲目のラマルクと娘のコルネリーのレリーフがあり、「後世の人が称賛してくれますよ。恨みを晴らしてくれますとも。お父様」というコルネリーのことばが刻まれています。

一方のキュヴィエはパリの社交界を見事に泳いで、1814年にナポレオンが失脚したあとも出世街道をひた走り、1826年にはレジオン・ドヌール勲章（ナポレオンが制定したフランス最高位の勲章）を授けられ、また1831年には貴族の仲間入りをして、貴族院議会の議長にも任命されています。翌1832年には内務相にも指名されたのですが、この年の5月にコレラにより亡くなりました。そして今は、世界で最も有名な墓地としても知られ、ショパンやバルザック、コローなども葬られているパリ東部のペール・ラシェーズに眠っています。

第2章

「進化論」の誕生と拒絶反応

『動物哲学』が書かれた年に生まれた「進化論の父」

ラマルクが『動物哲学』を書いた1809年にイギリスで生まれたのが、「進化論の父」と呼ばれるチャールズ・ダーウィン（1809－1882）です。これはもちろん偶然ですが、運命的なつながりがあったようにも感じますね。

「進化論の父」チャールズ・ダーウイン

ダーウィンの父親ロバート・ダーウィン（1766－1848）は医師で投資家でもあり、父方の祖父エラズマス・ダーウィン（1731－1802）はイギリスでは名の知れた医師で、自然科学にも造詣の深い人物でした。また、母親は8歳のときに亡くなっていますが、母方の祖父は超がつくほど有名な陶磁器メーカー、ウェッジウッド社の創業者であるジョサイア・ウェッジウッドです。

要するにダーウィンは、金持ちのボンボンだったんですね。

少年時代のダーウィンは、鉱物の収集に勤しんだり、野山を歩き回ったりするのが好きな子どもでした。地元のグラマースクール（ラテン語教育を主体とする中等教育機関）に入学してからも、勉強そっちのけで、鳥の習性を観察したり、化学実験に熱中したりしていたようです。

ダーウィンが通っていたのは、当時としては最高レベルの中等教育が受けられる学校で、特に学業に関してとても厳しかった校長からは、「役に立たないことに時間を無駄づかいするのらくら者」と罵倒されるようなこともありました。そういうことも関係したのか、結局ダーウィンはそのグラマースクールを中退しています。

のちに名を成す人の子ども時代には、こういうパターンが非常に多いように思いますが、やはり「好き」を究めてこそ、一流になれるということの証しなのかもしれません。

16歳のときに父親の勧めでエジンバラ医学校（エジンバラ大学医学部）に入学しますが、どうにも医学は性に合わなかったようですね。当時は麻酔なしで行われていた外科手術を授業の一環で見学したときには、その壮絶な実態にショックを受け、途中で逃げ出してしまったこともあったそうです。

だから1年もたたないうちにダーウィンは、医学の勉強は投げ出して、代わりに地質学や無脊椎動物学に没頭するようになりました。エジンバラ医学校も結局2年ほどで辞めてしまっています。

医者にすることは諦めたものの、ただのぐうたらにしか見えない息子の将来を案じ、ダーウィンの父親は彼をイングランド教会の牧師にすることを思いつきます。聖職者ならダーウィン家の息子として悪い選択ではないと考えたんでしょうね。

そこで、今度はケンブリッジ大学に入学させることにしました。なぜかというと、当時はオックスフォード大学かケンブリッジ大学を卒業すれば、学んだ内容に関係なく聖職者になる資格を得られたからです。

そんなに簡単にケンブリッジ大学に入学できるものなのかと不思議に思いますが、ダーウィンの入学に際しては父親の裏工作があったとも言われています。まあ、多分そうだったのでしょう。

ただし、本当は1827年の10月に入学するはずだったのに3か月も先延ばしになります。その理由は、ケンブリッジで学ぶのに必要な古典語をダーウィンがすっかり忘れていることが判明し、家庭教師を雇ってそれを取り戻すことに時間を要したためでした。

1828年の1月にケンブリッジ大学に入学したあとのダーウィンは、本人曰く、「幸福な生涯の中でも最も楽しい」3年間を送ります。卒業試験にさえ合格すればいいとなれば、在学中はかなり自由に過ごせるわけですから、楽しいのは当たり前です。

そんな中でとりわけ重要な出来事となったのは、植物学者のジョン・スティーブン・ヘンズロー（1796－1861）との出会いでした。

このヘンズロー教授こそがダーウィンを自然史研究の道に導き、「自然選択説」を着想する土台となったと言われるビーグル号乗船のきっかけをもたらした人物なのです。

ダーウィンは親ガチャに勝って「ビーグル号」に乗った

1825年からケンブリッジ大学で植物学教授の職に就いていたヘンズローは、大学で植物学の普及に努めていて、ダーウィンが入学した1828年からは、自然史に関心をもつ同僚や学生たちの談話の場として、週に一度自宅を開放していました。

狩猟に興じたり、酒を飲んだり、恋愛したりと、自由な大学生活を満喫していたダーウィンは、当時流行っていたカブトムシやクワガタムシなどの甲虫採集にもハマっていました。その虫取り仲間の紹介で、ヘンズロー教授宅の談話会にも参加するようになり、やがてはそこの常連になっていったようです。

遊んでばかりだったものの、1831年の1月には卒業試験に見事パスします。そしてその後は地元に戻り、聖職者になるための準備を始めました。

そんなダーウィンのもとにヘンズロー教授から届いたのが、まさに運命を変える手紙です。

そこには「ケンブリッジの同僚が、南アメリカ沿岸と南太平洋の海図を作るための調査に向かう軍艦の艦長の話し相手として乗船するナチュラリスト（博物学者）を探していたので、「君を推薦しておいたよ」みたいなことが書かれていて、すでにダーウィンの乗船を許可する旨が記された水路調査官からの文書も同封されていました。

相変わらず自然が大好きだったダーウィンにとっては夢のような話だったことでしょう。だから喜んですぐに応じようとしましたが、問題は彼を牧師にするつもりでいた父親の許しが得られるかどうかです。最初はやはり反対されて、ダーウィンも一度は諦めようとしたようですが、母方の親戚であるウェッジウッド家の人たちの説得のおかげで、最後は父親も考えを変えました。

こうした経緯でダーウィンは、「ビーグル号」に乗り込むことになり、この旅の途中でさまざまな生物を観察したり標本を採集したりした経験が、やがては「自然選択説」を提唱することへとつながっていくのです。

ヘンズロー教授の推薦があったとはいえ、軍艦である「ビーグル号」に、大学を出たばかりで、まだ何も成し遂げたわけでもないダーウィンの乗船がなぜ許可されたのかが不思議ですが、どうやらその決め手になったのは、ダーウィン家がジェントルマンという中流の上の階級に属していたこと、つまり彼の「家柄の良さ」だったようです。

艦長の話し相手はほかの乗船者とは違って、艦長に臆することなく気楽に話せるような人物である必要があり、しかも航海費用は自己負担だったので、誰でも行けるわけではありません。

そういう意味で言うと、ダーウィンは身元もしっかりしているお金持ちのご子息ですから、まさにピッタリだったわけですね。もちろん、莫大な航海費用は父親がすべて用意してくれたそうです。『チャールズ・ダーウィンの生涯　進化論を生んだジェントルマンの社会』(松永俊男著／朝日選書)によると、ビーグル号航海の間にダーウィンの父親が負担した費用は、乗船準備段階のものまで含めると総額1800ポンドにものぼっていたらしいのですが、当時の1ポンドは現在の貨幣価値に換算すると6万5000〜8万円くらいですから、1800ポンドだと、なんと1億1700万〜1億4400万円ということになります。

ここまでの経緯も含めて考えると、ダーウィンの「進化論」というのは、今風の言い方をすれば、彼が親ガチャに勝ったからこそ生まれた、と言えると思いますね。

「進化論」という仮説の誕生

ビーグル号が海岸の測量を行っている間、ダーウィンは自由に下船して島の内陸に向かっては、さまざまな動物や植物の標本を採集していました。昆虫採集は私も大好きですから、これは本当にうらやましい話です。

1835年9月16日からの35日間、赤道直下にある大小さまざまな火山群島であるガラパゴス諸島で調査をしていたダーウィンは、そこにはほかではあまり見られない変わった動植物が生息していることや、マネシツグミという鳥の羽色やくちばしの形状が島によって少しずつ異なることに興味を持ちます。それがのちに、「環境が変わることで形質も変わっていくのではないか」という着想を得る土台となるのです。

そういえば、ガラパゴス諸島に生息する「ダーウィンフィンチ」は、生息する場所によってくちばしの形が見事なくらい違うので、ダーウィンの「進化論」を体現している鳥としてとても有名ですが、実はダーウィン自身はこの鳥にはあまり注目しておらず、取り立てて研究もしていません。ダーウィンフィンチについて熱心に研究を行い、その名をつけたのは、1940年にガラパゴス島に渡った鳥類学者のデイビッド・ランバート・ラック（1910－1973）です。また、共に進化生物学者で夫婦でもあるピーター・レイモンド・グラント（1936－）とバーバラ・ローズマリー・グラント（1936－）も、ダーウィンフィンチについての詳細な研究を行って、自然選択による進化を傍証したことで知られています。

さて、ビーグル号での航海は1831年12月から1836年10月まで5年近くに及びましたが、その間にダーウィンは貝類や植物、昆虫、鳥類、哺乳類などの標本を3900以上も収集しました。またヘンズロー教授の勧めで地質学も学び、地質調査の方法を会得していたダーウィンは、訪れた土地の地質についても無数のメモを取り、つぶさに研究していたようです。

そして持ち帰った標本や地質に関する記録の分析、そして、ビーグル号での航海で得た経験などから、「世代を経るうちに生物は変異していくのではないか、そしてその変異をもたらすのは自然からの圧力と個体間の競争なのではないか」という考えをもち始めます。

実は当時のイギリスでは、ハトを飼うことがとても流行っていて、ダーウィンも伝書鳩やきれいな観賞用の鳩など、見かけがかなり違ういろいろな品種の家鳩を飼っていました。

これらのさまざまな鳩の品種は、野生のカワラバトからの人為的な品種改良、つまり、好みの形質をもつように交配して、気に入らない個体を人為的に間引いていった結果、生み出されたものであることは当時もよく知られていました。

ただ、これはあくまでも人為的なものであって、自然界においてはその種の中で平均的なものだけが生き残り、結果として「種は不変になる」のだと思われていたのです。例えば、18世紀に植物分類学を系統立て、分類体系を確立した植物学者のカール・フォン・リンネ（1707−1778）も、「変異は本質には影響しないから、種は不変なのだ」と言っていました。

けれどもダーウィンは、人為的な品種改良と同じようなことが自然界でも起こり得るのではないか、と考えたわけです。

理論としてまとめると、以下の通りです。

1、まず、生物は変異する。次に変異のいくつかは遺伝する。これが前提だ。

2、生物は生き残るよりずっと多くの子をつくる。

3、変異が遺伝するならば、適応的な変異をもっているのは徐々に子孫を増やし、不適応的なものは徐々に子孫を減らしていく。

4、その結果、生物の集団は、適応的な変異をもつものが徐々に多くなり、最後にはもとの集団から非常に離れてしまうこともあり得る。

これが『種の起源』に書かれている「進化論」の根本的な仮説なのです。

ダーウィンの「進化論」に影響を与えた「人口論」

ダーウィンが考えた「自然選択説」の肝は、「生物はたくさん子どもを生み、たくさんいれば少しずつ変異があること」、そして「たくさん生まれたからといって全部が親にはなれず、そのうちのかなりのものは途中で死んでいき、生き残って子孫を残すのはそのごく一部であること」です。

これは進化論を考えるうえでの非常に重要な前提で、そこには、トマス・ロバート・マルサス（1766－1834）が著した『人口論』が大きく影響していました。ダーウィンはビーグル号の航海から戻ったあとにこの本を読んでいたのです。

「人口論」とは、簡単に言えば、「人口は幾何級数的に増加しても、食料は算術級数的にしか増加しない。そうすると、最後は食料不足に陥って自然淘汰が起こるので、強いものが生き残り、弱いものが死ぬ」という人口の原理を説いたものです。それをダーウィンは生物に当てはめてみたわけなんですね。

もしもすべてが生き残れるような集団だとしたら、変異の幅は変わりません。「生き残って子孫を残すのはそのごく一部」という集団だからこそ、変異は選択されるのです。もっともすべてが生き残れたりすれば、個体数は無限に増えていきますから、実際にはそのような集団は存在しません。

変異の幅が変わらないためには、すべての変異において生き残って子孫を残す率が同じである必要があります。しかし、自然界では偶然の摂動（変化）が必ず起こりますから、適応とは無関係であったとしても、生物は変異するのです。

生物という性質をもっているものは必ず進化する

変異が選択されるということは、形質の平均値がある方向にずれていくということでもあります。

例えば「中くらいの背の高さのものが有利だったのが、背が高いほうが有利になるという環境に変化すれば、その生物の集団は背が高いほうに徐々になびいていく」というのがダーウィンの考えです。

しかし、先にも述べたように、偶然の摂動がある以上、有利であるかどうかにかかわらず、平均値がずれることはあり得ます。そして実はダーウィンも『種の起源』の中で、微妙な言い回しではありますが、そうとも取れる記述を残しているのです。

いずれにしても、変異があって、その変異が遺伝して、たくさん生まれたうちのごく一部だけが生き残るという宿命を生物が背負っているのであれば、ある平均値から別の平均値への変化、つまり「変異がある方向にずれていく」ことは免がれません。

これは統計力学的に考えても不可避の出来事であって、世代を超えて永久的に平均値が維持されると考えるほうが明らかに無理があるのです。

このように考えると、生物という性質をもっているものは必ず進化するとも言えるわけで、それを発見したということがダーウィンの最大の業績なのだと私は思います。

例えば、もともと同じ島がたまたま2つに分かれると、2つの島に生息するそれぞれの集団は遺伝的には独立の集団になり、さらに2つの島の環境が微妙に異なっていれば、もともとは同じ生物だとしても、別々の生物になっていく可能性が出てきます。

つまり、異所的（allopatric）な分岐が起きて、1つの種が2つの種に分かれていくということとなるのです。

人間はさまざまなことを考えますが、その萌芽の大半はギリシャ哲学に出ていると言われています。その理論が正しいかどうかは別として、大概のことはたいていギリシャの哲人の誰かが多少なりとも考えていたことだったりするのです。

ところが、1つの種から2つの種に分岐するなんていうことは、それまで誰一人として提唱することはありませんでした。形は多少変わるとしても、「種は不変」という考えに疑問を抱く人は一人もいなかったのです。もちろん、ラマルクの進化論にもそんな話は一切出てきません。

つまり、ダーウィンの「進化論」の斬新さは、自然選択によって種が分岐するという話を取り入れたことにあり、そういう意味においてダーウィンは偉大だったと言えると思います。

ダーウィンを慌てさせたウォレスからの手紙

ダーウィンは誰も反論できないような証拠をたくさん集めたうえで、「自然選択」というタイトルをつけた大著（ビッグブック）を出版し、そこで自らの「進化論」を発表するつもりでした。

ところが、そのための準備を着々と進めている最中の1858年の6月、マレー諸島に滞在中のアルフレッド・ラッセル・ウォレス（1823－1913）という人物からダーウィンに手紙が届きます。

ウォレスは本国イギリスの博物学者や研究施設に標本を売って生計を立てていた人物で、ダーウィンに手紙を送ったことがきっかけで、少し前からつき合いが始まったばかりの人物でした。

そのときの手紙の中身は論文原稿で「変種がもとの型から限りなく遠ざかる傾向について」というタイトルがついていました。

このタイトルからもわかるように、論文には種がどうやって変化するのかについてのウォレスの考えが書いてあったのです。

そして、それはまさしく自分が考えていた「自然選択説」と内容が同じではないかとダーウィンには感じられました。しかも要点が明快にまとめられた見事な内容だったので、ダーウィンはこの論文を読んでとても驚いたのです。

当然ダーウィンはおおいに慌てます。科学には先取権（priority）があり、いくら自分のほうがずっと前から考えていたと主張しても、証拠がないとどうにもなりませんからね。自分が20～30年も温めていた構想をウォレスが先に世の中に発表してしまえば、自分の説ではなくなってしまいかねないことをダーウィンは恐れたに違いありません。

ウォレスの手紙には、「もし、私の論文に価値があるのなら、ロンドン科学界の重鎮であるチャールズ・ライエル（1797－1875）に渡してほしい」との添え書きがありました。そこでダーウィンは、ウォレスからの論文を受け取ったその日のうちに、信頼している地質学者のライエルに論文を転送しつつも、ライエルや親友で植物学者のジョセス・D・フッカー（1817－1911）に「なんとかならないか」と泣きついたのです。

ダーウィン不在で発表された「自然選択説」

ダーウィンにはロンドンにいろんな友人がいましたが、ダーウィンをとてもかわいがっていたライエルと、ダーウィンの終生の友で最初に進化論の構想を打ち明けた相手とされるフッカーは、なんとかして「自然選択説」に関するダーウィンの先取権を守ってやりたいと考えました。

そして二人は1858年の7月1日に開かれたロンドン・リンネ学会の会合で、ダーウィンとウォレスの学説の両方を読み上げることにしたのです。

ウォレスの論文をダーウィンが受け取ったのはこの年の6月18日だったので、二人がいかに迅速に対応したのかがよくわかります。ダーウィンは親ガチャに勝利したのみならず、素晴らしい友人にも恵まれていたのです。

とはいえ、二人はウォレスから先取権を奪おうとしたわけではありません。あくまでも「両方の先取権を守る」かたちにして、とにかくダーウィンが二番煎じにならないよう取り計らったというわけです。

ダーウィンとウォレスの「自然選択説」をめぐる確執については、さまざまな意見がありますが、ウォレスの論文を読んだダーウィンが、自分が長年温めていた考えとほぼ同じだと思って狼狽したことは確かです。

それでもダーウィンは、自分の先取権を守るために姑息な手段を取ろうとしたわけではありません。ライエルにウォレスの論文を転送した際に添えた手紙にも、ウォレスの論文が非常に素晴らしいことや、この論文をすぐにどこかの雑誌に紹介するつもりです、といった文言を書きつけています。ダーウィンがまことに公平な人間だったことは間違いありません。

ダーウィンがウォレスの論文を剽窃《ひょうせつ》したという話（『ダーウィンに消された男』アーノルド・C・ブラックマン著／朝日選書）や、ウォレスの論文とダーウィンの「自然選択説」は実は別の理論だったという話（『チャールズ・ダーウィン　生涯・学説・その影響』ピーター・J・ボウラー著／朝日選書、『チャールズ・ダーウィン　進化論を生んだジェントルマンの社会』松永俊男著／朝日新書）もありますが、前者に関してはダーウィンが『種の起源』を書くにあたってウォレスの論文を参考にしたことはあったにしても、剽窃したというのは言いがかりだと思います。

また後者の意見は、「ウォレスが考えていたのは、変種と種の闘争により進化が進むということで、種内の個体間の競争により進化が起こるとするダーウィンの考えとは別の理論だ」というものですが、変種の実態は種内の変異個体にほかならず、そう考えれば、変種と種の闘争というのも、種内におけるノーマルな個体と変異個体の生存競争なわけで、結局はダーウィンの説と同じことになると思います。

ところで、マレー諸島に滞在していたウォレスはともかくとして、自分の学説が読み上げられるというのに、ダーウィンがリンネ学会のその会合に参加しなかったのはなぜでしょうか。自分の論文なのだから自分で読めばいいのに、という疑問が生じるでしょうが、それにはわけがありました。

実はその少し前に、ダーウィンの子どもが猩紅熱《しょうこうねつ》に感染して、亡くなってしまったのです。リンネ学会でダーウィンとウォレスの論文が読み上げられた7月1日はその子の埋葬の日で、ダーウィンは深い悲しみの中にいたのです。

まだこの話をしていませんでしたが、ダーウィンは母方のいとこに当たるウェッジウッド二世の娘であるエマ・ウェッジウッドと1839年に結婚していて、10人の子どもに恵まれました。ただ、そのうちの3人は小さいころに亡くなっています。

ダーウィンとウォレスの学説が発表された日に埋葬されたのは、いちばん下の子ど

も で、この子はダウン症だったのではないかとも言われています。

裕福な暮らしのなか、生涯病気がちだったダーウィン

ここで、ビーグル号の航海から帰ったあとの、ダーウィンの生活についてお話ししましょう。

ビーグル号の航海の成果は当時の学者たちを驚かせ、ダーウィンは一躍、ロンドンの博物学界の寵児となります。忙しい中で自分より1歳年上のエマ・ウェッジウッドと結婚したダーウィンは、しばらくはロンドンに住んでいました。

しかし、このころから体の不調を訴えて、その後は生涯ずっと病気がちになってしまいます。ダーウィンの病気については諸説あるのですが、南米に滞在中にカメムシに刺されてシャーガス病に感染し、その後発症したのではないかという説が有力です。

新婚のエマはダーウィンの看病に明け暮れますが、子どもを2人授かったあとの1842年9月に家族でロンドン近郊のダウンに引っ越します。おそらくダーウィンの

健康のためには、ストレスの多いロンドンに住むよりも、静かな田舎に住むほうがいいと思ったからなのでしょう。ダウンは距離的にはロンドンからさほど遠くはありませんが、ロンドンの学界と適度な距離を置くという意味でも好都合な立地でした。

ダウンの家は、ダーウィンの父親が買ってくれました。その価格は当時2200ポンドほどだったそうですが、今の貨幣価値に換算すると1億5000万円（以下すべて同様に換算）くらいになりますから相当な豪邸だったのでしょう。

1840年代のダーウィンは毎年父親と家族の信託基金から1500ポンド（約1億円）ものお金を受け取っていました。つまり、お金は潤沢すぎるほどあったので、稼ぐために働く必要は一切なかったのです。

1848年に父親が亡くなったときには、4万5000ポンド（約32億円）という莫大な遺産を引き継ぎます。

実はダーウィンには博物学の才能ばかりでなく、利殖の才もあり、この遺産も順調に増やしていきます。ある年は総収入が3250ポンド（約2億2000万円）で総支出は1900ポンド（約1億3000万円）だったという収支記録も残っています。

使用人は10人以上いて、ダーウィンの兄のエラズマスや友人のフッカーが頻繁に遊びにきては何日も泊まっていったりもしたようですが、ダーウィン家の財政事情に影響を及ぼすようなことはありませんでした。

お金の心配などする必要がないダーウィンは、毎日博物学の研究に勤しみますが、体調の不安もあり、朝から晩まで研究するようなことはなかったようです。研究は主に午前中にして、午後は散歩をしたり、届いた手紙への返事を書いたり、新聞を読んだり、あるいはエマに小説を朗読してもらったりして過ごしていました。それでも体調が思わしくない日もあって、そんな日は全く研究ができなかったようです。

夕食が済むと、ダーウィンはほとんどの時間を一人で過ごしました。家族と会話をすると神経発作が起きて次の日は全く仕事ができなくなってしまうからです。

ただし寝る前には、エマとバッグギャモンというボードゲームを2回して、その後しばらく科学関係の雑誌を読み、エマの弾くピアノを聴いてから寝室に行くのがお決まりのパターンでしたが、いろいろな症状に悩まされ、熟睡できることはまれだったと言います。ちなみにダーウィンとエマの寝室は別で、エマの寝室のほうが立派だと言ってダーウィンは羨ましがっていたそうです。

妻のエマはピアノがとても上手で、若いとき大陸に遊学した際にはショパンにも師事したようです。まあ、かたちだけだったとは思いますけどね。ダーウィンとショパンのつながりなんてあまりイメージが湧かないでしょうが、ショパンは1810年、エマは1808年、ダーウィンは1809年の生まれですから、まさに同じ時代を生きていたのです。

ダーウィンとエマの悩みは、二人の宗教観が全く折り合わないことでした。エマは敬虔なキリスト教徒でしたが、ダーウィンは無神論者だったのです。ダーウィンの研究は、キリスト教の教義に抵触するものでしたが、エマはダーウィンの研究に無関心を装ってやり過ごそうとしていたようです。

ただ、ダーウィンがエマを深く愛していたのは確かでしょうね。ダーウィンには浮いた噂が一つもなく、子ども好きだったダーウィンのために10人もの子どもを産んでくれたエマには感謝の気持ちでいっぱいだったと思います。

まあ、はっきり言えば、エマは病気がちなダーウィンの保護者兼看護師としてその生涯を捧げた（棒に振ったとも言いますが）わけですから、浮気なんかしたら地獄に落ちますよね。

ちなみに夭折《ようせつ》しなかった7人の子どもたちはみな優秀で、5人の男の子は学者や銀行家、そして軍人として名を成しています。

『種の起源』というタイトルに偽りあり？

リンネ学会に話を戻します。

ラッセルとフッカーの尽力も空しく、リンネ学会の会合に集まっていた人たちは、ダーウィンとウォレスの論文の重要さに気づくことはなく、その後、協会の紀要に掲載されたときも、ほとんど反響がなかったようです。

その年の最後に、リンネ協会の会長が演説をして、「今年はたいして面白い話はなかった」と語ったと伝えられていますので、ダーウィンとウォレスが唱える「進化論」が強烈なインパクトを与えることはなかったのです。

はっきり言って、ダーウィンとウォレスの短い論文に書かれた理論の真髄は、当時の人々には理解不能だったのだと思います。

とはいえ、いずれにしろ、グスグスしているわけにはいかなくなったダーウィンは、ビッグブックは諦めて、もっとコンパクトな本を急遽出版することにしました。

それが有名な『種の起源』(正確な表題は『自然選択の方途による、すなわち生存競争において有利なレースが存続することによる、種の起源について』)です。

初版の発売日は1859年の11月24日ですから、ウォレスの論文をダーウィンが受け取ってから1年後にはもう出ているんですね。

これは結構なベストセラーになって、少しずつ改訂しながら、結局第6版まで出版されました。

『種の起源』は、ビッグブックに比べればコンパクトだというだけで、実際にはかなり分厚い本です。この本の執筆にダーウィンはものすごく苦労して、何度も修正を重ねたとも言われています。

ただし、肝心の内容はというと、非常に多義的でどうとでも解釈できるような話のオンパレードです。

いろいろと解釈する余地が残されているという意味では興味をそそられる面もあるのかもしれませんが、多くの人は何を言っているかよくわからない本だと感じるはずです。クリアでわかりやすく、系統立てて書くのが論文のセオリーだとすれば、『種の起源』は間違いなく悪文の見本でしょう。

そもそも『種の起源』というタイトルなのに、ただひたすらに自然選択について述べられているだけで、タイトルから想起させる「種がどうやって生まれるか」については何も書かれていません。

また、元の種が分岐して、2つ3つに分かれていくことを示す図が掲載されていますが、それ以外に図版は一切見当たりません。

要するに、はっきり言えば決して面白いと言えるような内容ではなく、私もひと通り読んだことはありますが、ダーウィンの研究者でなければ、何回も読む気になるような本ではありません。もちろん、この本の存在は生物学をやる人なら知らない人はいないでしょうが、最後まで全部読んだという人は、実はあまりいないのではないかと思います。

『種の起源』出版後に巻き起こる大論争

ダーウィンの『種の起源』は、非常に穏健・穏当で慎重な言葉によって書かれている印象があります。

当時の雑誌に掲載された、サルの体にダーウィンの顔がついた風刺画

なんだかよくわからない内容になってしまっているのは、いろんな人から反論されたり、文句を言われたりするのをダーウィンが極度に恐れたからだと考えられます。

自分が提唱する進化論によれば、人間もほかの動物も連続的につながっているということになりますから、当時のイギリスで受け入れられていた、「生物はすべて神がつくり、人間はその中でも特殊な存在である」というようなキリスト教の考え方に抵触する話であるということを、ダーウィンはよくわかっていたのです。

しかし、はっきりとそう書いていたわけではなかったものの、人間が人間以外の動物から進化したということが十分読み取れる内容でしたから、『種の起源』はその後、ものすごい論争を巻き起こします。

ダーウィンがサルの格好をした風刺画（77ページ）は有名ですが、ダーウィンが恐れていた通り、特に宗教界からは大きな反発の声が上がりました。

その急先鋒が、「クオータリー・レビュー」という当時の雑誌の書評欄で「『種の起源』はとんでもないインチキだ」などと大批判した英国国教会のサミュエル・ウィルバーフォース主教（1805－1873）です。

宗教界の親玉自らが批判をしたわけですから、その反発の大きさがよくわかるでしょう。

けれども先に述べたようにダーウィンは、エマと結婚したあたりから体調不良を抱えるようになっていたので、ロンドンまで出掛けて論争に参加することは不可能でした。

　そこで、ダーウィンに代わって反論をしたのが、友人で動物学者であるトマス・ヘンリー・ハクスリー（1825－1895）です。

　実はハクスリーはダーウィンの意図通りには「自然選択説」を理解していなかったとも言われていますが、ダーウィンの「ブルドック＝凶暴な番犬」として、イギリス科学振興協会の1860年のオックスフォード会合でウィルバーフォース主教とかなり激しくやり合ったという記録が残っています。

　科学史をやっている人の中には、この論争にハクスリーが勝利し、ウィルバーフォース主教が負けたと思い込んでいる人がいるようなのですが、それは正しくありません。

　その後の歴史の流れからして、ハクスリーの言い分のほうが結果的に正しかった、という意味ではハクスリーの勝利だと言えなくもないのですが、少なくともこれを機にダーウィンの「進化論」が一般の人たちに受け入れられるようになった、みたいな単純な話ではありません。

　今でさえ、キリスト教を信じている人の中には、「自然選択説」とか「進化論」などは信じないという人がかなりいるのですから、19世紀の半ばの人たちが、人間がサルから進化したなんて話を簡単に受け入れられるはずはないでしょう。

「ハクスリーが勝利した」などというのは完全なる後づけの話であって、当時はウィルバーフォース主教の肩をもつ人のほうが圧倒的に多かったのだと思います。

ダーウィンは「進化」を「進歩」と結びつけていない

英語では「進化」のことを「evolution」と言いますが、実はダーウィンはこの言葉を使うことに抵抗があり、「Descent with modification」という表現を好んで使っていました。この言葉は「世代を超えて伝わる変化」を意味しており、そこには必ずしも、「進歩」というコンセプトは入っていません。

ラマルクが言っていたような「生物は高等になる内在的な力を持っている」という考えに反対していたダーウィンは、生物は下等から必ず高等になるとか、高等になることが良いといった価値観を進化論にはもち込まなかったのです。

もともと「evolve」というのは、展開するとか発展するという意味があり、例えば、蕾《つぼみ》の中のおしべやめしべや花びらが徐々に開いていき、最後はちゃんとした花になっていく、みたいなことを意味しています。

もう一つ、evolutionが使われるのが、「前成説（preformation theory）」の文脈の中です。「前成説」というのは、生物の形は卵の中であらかじめ決まっているという考え方のことなのですが、これを強力に推し進めたのが、ダーウィンより100年ほど前の時代を生きたシャルル・ボネ（1720－1793）という生物学者でした。

ボネが言うには、人間の卵の中には小さい人間（ホムンクルス）が入っていて、それがどんどん展開して人間になるのだそうです。その意味合いにおいて、evolutionという表現をボネは使っていたのです。

ボネのこの理論は「入れ子説」とセットになっています。

要するに、人間の卵の中にいるという、小さい人の中にはさらに小さい卵が入っていて、そこにも小さい人間がいて、その小さい人間の中にまた卵があって……というふうに延々と続いていく、という話なんですね。

そしてそのひと揃えを最初に全部つくったのが神であり、人類が滅ぶときは、最後の入れ子がなくなったときで、そうなったらまた神が別のものを考えてつくればいいという話です。

これは当時としては、非常に都合がいい考えでした。

だからこのような「前成説」は「自然発生説」と同様に、知識人からも支持されて、結構根強く残ったセオリーだったのです。

もちろん今なら、卵子の中には遺伝情報が入っていて、その情報に基づいて人間が形づくられていくことを誰でも知っているでしょうが、昔は情報という概念はありませんから、何かモノが展開していくという考えしか思いつかなかったのでしょう。

せっかくなので、ボネがその後、この「入れ子説」をどんなふうに展開させたのかもお話ししておきましょう。

彼は最終的に、入れ子の中には徐々に高等なものが入っているのではないかと考えました。

もちろん間違ってはいますが、これはまさに「進化論」です。

ただし、すべて神がつくったことが前提になっていますから、「神学を基本にした世界で最初の、そして最後の進化論」とするのが正しいかもしれませんね。

いずれにしても、evolutionには、発展とか発達とか、進歩という価値観がある程度刷り込まれた言葉だったのは間違いなくて、だから、ダーウィンはその言葉を使うのを嫌がったのだと思います。

ダーウィンの「進化論」を進歩に結びつけて考えたのは、むしろダーウィン以外の人間です。

特に、その傾向が強かったのはハーバード・スペンサー（1820－1903）という社会学者でした。

スペンサーは「社会ダーウィニズム」を発展させた人物で、ダーウィンの『種の起源』を「適者生存」と言い換えたことで有名です。

これは、強いものが勝っていき、弱いものは滅びていくのは必然であり、人間の社会でも強くて賢いやつはどんどん発展して、そうじゃないやつは滅んでいく、っていう話ですね。

そんなふうな話になるのが嫌でダーウィンは、単純な evolution ではなく、Descent with modification なんていう回りくどい言葉をわざわざ使おうとしていたのですが、ダーウィンの真意は伝わらず、スペンサーによってダーウィンの「進化論」は進歩という合意をもつ evolution の意味合いで理解されることが多くなってしまったように感じます。

ここまでお話ししてきたように、ダーウィンの「進化論」は、種の中にさまざまな変異があることが前提なのですが、その変異というのはある観点から見て優れているとか優れていないとかが、あらかじめ決まっているわけではない、というのがダーウィンの考えなんですね。

たまたま環境に適した変異をもつ個体が選択されて数が増え、そうではない変異をもつ個体は死にやすくて徐々にリジェクトされていくのが自然選択だと言っていたわけで、どんな形質とかどんな行動パターンが先験的に優れている、みたいなことは、ダーウィンは一切言っていません。

生物の中で人間がいちばん偉いとか、人間だけはほかの動物とは全く違う存在である、といった考え方が当たり前だった当時、進化を進歩と単純に結びつけなかったことも、ダーウィンのすごさの一つだと私は思います。

「用不用説」と「自然選択説」の違いとは？

ダーウィンが大きな功績を残したことは確かですが、彼の考えには当然間違いもあります。

例えば、今では基本的に否定されている「獲得形質の遺伝」についても、ラマルクと同様に、ダーウィンは相当強く信奉していました。

ダーウィンのことを神のように崇めている人はそこにはあまり触れませんけど、彼は「パンゲン説」なる獲得形質遺伝のセオリーを提唱しているのです。

ダーウィンはまず、ジェミュール（自己増殖因子）という遺伝性の粒子を想定し、それが我々の体のいろいろな器官にたくさん散らばっているのだと考えました。そのジェミュールが、筋肉なら筋肉、肝臓なら肝臓で経験した情報を蓄積し、それが生殖細胞に集まって次の世代に引き継がれる、という仕組みで獲得形質は遺伝すると主張したのです。遺伝粒子が体の中に遍在して、それが獲得形質の遺伝の原因となることから、pan（汎）とgenesis（発生）を合わせたコトバが「パンゲン説（pangenesis）」なのです。

この「パンゲン説」は実証性がない理論ですが、論理整合的にできていて、1868年にはこの説を提唱するために「飼育状態における動植物の変異」という本まで書いています。おそらくダーウィン本人はこの説に相当入れ込んでいたのだと思われます。

もちろん、この説は現在では全部間違っているとされていますけど、こういうふうに考えないと獲得形質の遺伝はうまく説明できないとダーウィンは思ったんでしょうね。

「獲得形質の遺伝」を支持するという意味では、ダーウィンはラマルクとある程度共通しています。しかし、ラマルクの「獲得形質の遺伝」は「自分が棲んでいる場所に適した器官を発達させていらないものを捨てていく」という「用不用説」の核心ですが、その物質的メカニズムには言及がありません。一方、ダーウィンの「パンゲン説」は、獲得形質のメカニズムまで考えていたのですから、論理のレベルが全く違うのです。

「用不用説」と「自然選択説」の違いについて、教科書などでは、「キリンの首」が例に挙げられていますので、ここでもその例を使って説明してみましょう。

「用不用説」というのは、キリンの祖先はいつも首を伸ばして高い木の葉を食べていたので、徐々に首が長くなった、という説です。

例えば人間も一生懸命筋トレすることで筋肉隆々になったり、逆にずっと寝ていると脚が細くなったりすること自体は、私たちも経験的に知っていますよね。

ただしこれはあくまでも個体の「変化」であって、進化とは言いません。

この本の最初のほうでもお話ししたように、生まれもった体質みたいなものは別として、筋トレで筋肉がついたり、寝てばかりで脚が細くなったというような後天的な

ラマルクの用不用説

キリンの先祖は首を伸ばして木の葉を食べていた

よく使う器官は発達するので、首が少しずつ長くなった

この形質が積み重なり、首の長いキリンになった

ダーウィンの自然選択説

キリンの先祖にはいろいろな首の長さのキリンがいた

首の長いキリンのほうが生存に有利なので自然選択された

首の長い個体同士が子を残し、現在の首の長いキリンになった

変化が、次の世代に引き継がれることはありませんからね。

ラマルクの「用不用説」が本当ならば、次の世代のために筋トレする、みたいなことも可能になるのですが、それはどう考えても無理があります。

もちろんこの説はその後の遺伝学において、完全に否定されています（ただ、つい最近になって、使われなくなった器官は世代を追うごとに徐々に退化するのではないか、すなわち「用不用説」の「不用説」に関しては正しいのではないかとする論文は出ています）。

一方、ダーウィンの「自然選択説」は、キリンの先祖にはさまざまな首の長さの個体がいたが、首の長い個体ほど有利なので生存競争に勝ちやすく、結果として首の長い個体のほうが子どもを残す確率が高くなるので、それを繰り返すうちにキリンの首は徐々に長くなった、というものです。

このような「自然選択説」は、ラマルクの「用不用説」に比べれば明らかに説得力はあるように感じますが、この説の「徐々に」という部分に強く反対する人が現れました。

それが、ダーウィンと同時代を生き、『昆虫記』を記したことで知られる博物学者のジャン・アンリ・ファーブル（1823-1915）です。

「段階的な本能の発達」に対するファーブルの批判

ダーウィンは、形態的な側面だけでなく、動物を特徴づける本能行動も自然選択によって進化してきたと考えていました。

つまり、本能の獲得も偶然で、例えば子孫を繁栄させるのに都合のいい習性を手に入れた個体が偶然生じたことで、その習性をもつ者が自然選択され、その習性が遺伝によって子孫にまで広まっていったというわけです。

ダーウィンのこの考えをファーブルは、自身の『昆虫記』の中で、「偶然というものにいささか頼りすぎている」と批判しました。

「もし、偶然の結果うまくいったのであれば、それが起こるためにはどれほどの組み合わせが必要だったのであろう。すべての可能性が実際に起こるのに、どれほどの時間が必要なことであろうか」と疑問を呈し、「段階的に発達していく本能などあり得ない」とキッパリと結論づけたのです。

『昆虫記』の中でファーブルは、狩りバチの一種であるアラメジガバチの狩りについて詳しく記述しています。

アラメジガバチはヨトウムシをエサにしますが、ヨトウムシの体節と体節の間のやわらかい部分に正確に針を刺し、相手を昏睡状態にしてから巣に持ち帰るという本能があります。

もしもダーウィンの言う通り、「生物が徐々に進化していく」のなら、「完璧な狩りの方法を習得した昆虫」に進化するまでの過程で、「まだ完璧ではない狩りの腕前をもった中間点の昆虫」が存在したことになります。

しかし、ファーブルは、「そのような中途半端な腕前では相手を仕留めることができないので、進化する前にその昆虫は絶滅してしまう」と主張しました。

これは、昆虫の行動や生態をつぶさに記録することに情熱を注ぎ続け、昆虫の本能行動がいかに正確であるかをよく知っていたファーブルだからこそ生まれた反論だと思いますが、言われてみれば確かにそのとおりなんですよね。

それに対してダーウィンがどう反論したかはよくわかっていませんが、これ以降、二人の仲が険悪になったのかと言えば、決してそうではなかったようです。

二人は手紙を通じて交流を重ね、ダーウィンはファーブルのことを「類いまれなる観察者」と呼んで敬意を表していましたし、ファーブルのほうも、ダーウィンの「進化論」を批判したまさにその本の中で、「私は彼の進化論を信じることができないのだけど、彼の人格の高潔さと、学者としての誠実さに対する私の深い敬意は、それによっていささかも減ずるものではない」と記しています。

それはともかくファーブルは、さまざまな昆虫の観察から、ダーウィンの「進化論」の根本的な弱点を見抜いていました。

そして実は次の章でお話しする、現代進化論の主流派である、「ネオダーウィニスト」たちでさえ、このファーブルの批判を正面から論破する理論を見つけられていないのです。

第3章

科学になった「進化論」

「混合遺伝説」を否定する必要性

遺伝子の仕組みなどがまだ解明されていなかった時代を生きたダーウィンは、生物に「変異」が起こることは知っていても、「なぜ変異が起こるのか」、あるいは、「変異がなぜ世代を超えて維持されるのか」については全くわかりませんでした。

ダーウィンの時代に流行っていたのは、父親と母親の遺伝形質が混ぜ合わさって子どもができるという「混合遺伝説」です。

要するに、白と黒の絵の具を混ぜるとグレーになるとか、白と赤ならピンクになる、みたいなことですね。それをダーウィンも最初は信じていたふしがあります。

ところが、交配するたびに遺伝形質が混ぜ合わされるのだとすれば、例えばどちらかの親になんらかの変異があったとしても、その特徴はどんどん薄まって、やがては均一になってしまうはずです。これだと変異が維持されませんから、進化も起こらないということになってしまいます。

白と赤の絵の具を混ぜ合わせればピンクになるというところまではそれなりに納得

できますが、そこに例えば青を混ぜたとすると、なんだか変な汚い色になりますよね。その後、青以外の色を次々に重ねていくと、ますます汚い色になって、そのうち何を混ぜてもあまり色が変化しなくなり、混ぜたはずの「青」は、まるで最初からなかったかのように消え去っていくのです。色味が青に変わっていくとすれば、それは次々と青を混ぜていったときでしょう。

つまり、混合遺伝説が正しいとすると、「青」という変異が起きたとしても、それがずっと続かない限り、大海の一滴のように、いつしか消えていきます。青を維持したいのなら、「青」という変異を次々に起こして、それをどんどん混ぜていくしか方法はありません。

これはあまり現実的な理論ではないとダーウィンは感じていたのではないでしょうか。

そういうこともあったから、自分の進化の理論の中に、「獲得形質の遺伝説」を組み込むしかなかったのだろうと思います。

形質の遺伝の法則を発見したメンデル

そんな「混合遺伝説」を否定したのが、オーストリア帝国ブリュンの司祭だったグレゴール・ヨハン・メンデル（１８２２－１８８４）です。

当時、ブリュンの修道院では学術研究が盛んに行われていて、メンデルは司祭となった１８４７年ごろから自然科学に興味をもち始めました。１８５１年からの２年間はウィーン大学に留学し、そこで物理学や数学、植物の解剖学や動物学などを学びます。そして、ブリュンの修道院に戻ってから、修道院の庭でエンドウマメの交雑実験を始めたのです。

エンドウマメには個体による違いがあり、種子の形や花の色などに、対立する形質が現れることはよく知られていました。

例えば種子の形質には、ツルッとした丸い形か、シワのあるものかの2種類があり、それ以外の形になることはありません。

そのような目に見える形質や機能を「表現型」と言います。メンデル自身はそのことばを使ってはいませんが、現代風に言うならば、「交雑実験により表現型と遺伝にはどんな関係があるのかを探ろうとした」わけです。実験は7種類に渡る対立形質で行われたのですが、ここではいちばん有名な種子の形に注目した実験で説明しましょう。

1、まず、丸い種子、シワのある種子それぞれの純系（代を重ねても確実に同じ形質が現れる系統）の親を用意する。
2、丸い種子とシワのある種子を交雑させると、雑種第一世代で出現したのは、すべてが丸い種子だった。
3、雑種第一世代同士を交配させた、雑種第二世代には丸い種子とシワのある種子が3：1の割合で現れた。

そして、種子以外の対立形質に注目した実験でも、結果はほぼ共通していました。だから形質の遺伝には必ず同じ法則が働いているのだとメンデルは考えたのです。

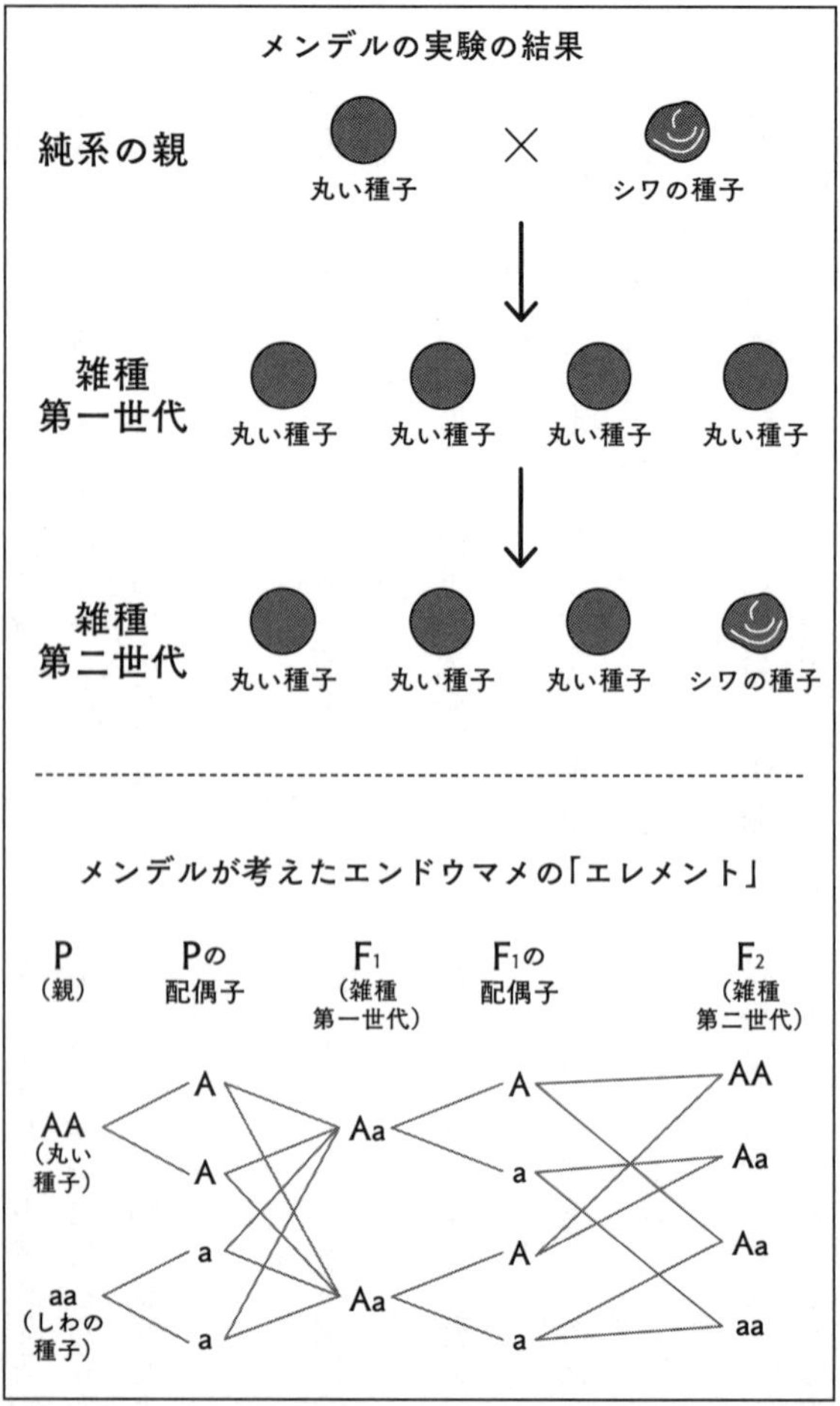

変異は「エレメント」に還元できると考えたメンデルは、実験結果に自らの仮説を当てはめ、「優性の法則」「分離の法則」「独立の法則」（メンデルの法則）を発見した

交雑実験の結果から、変異は「エレメント（要素）」という実体のあるものに還元できるとメンデルは考えました。メンデルが「エレメント」と読んだ実体こそが、のちに「遺伝子」と呼ばれるようになる存在です。

この仮説を踏まえて先ほどの実験を振り返ってみるとこうなります。

1、純正の丸いマメはAAというエレメントをもっていて、純正のシワのあるマメはaaというエレメントをもっている。

2、丸いマメとシワのあるマメを交雑させると、雑種第一世代は、すべてAaというエレメントをもつマメになる。

3、雑種第一世代同士を交配させると、雑種第二世代はAAとAaとaaのエレメントをもつマメの割合は1：2：1となる。

実際に現れた形質にこの仮説を当てはめることでメンデルは、エレメントAがエレメントaに対して優性であること（優性の法則）や、エレメントAとエレメントaは分離して次の世代に受け継がれること（分離の法則）、そして、エレメントAとエレメントaは決して混じり合うことなく独立に振る舞うこと（独立の法則）を発見して、「混合遺伝説」を否定したのです。

ところが今となってみれば世紀の大発見だったはずの「メンデルの法則」は、当時ほとんど注目されることがありませんでした。

メンデルは「染色体の減数分裂」を予言していた！

ダーウィンが『種の起源』を出版した6年後の1865年に、メンデルは自分が考えた「遺伝の法則」を「ブルノ自然科学協会」で口頭発表し、翌年にはそこの会報誌に「植物雑種の研究」というタイトルの論文として公表しました。

ところがいかんせん発表の場が、地方のマイナーな「ブルノ自然科学協会」とその会報誌だったために、軽くあしらわれて真面目に読む人がいなかったようです。

それでも自分の説に自信をもっていたメンデルは、当時有力な遺伝学者だったカール・ヴィルヘルム・フォン・ネーゲリ（1817－1891）に論文を送ります。

しかしネーゲリはもっと複雑な遺伝現象を引き起こす別の植物を熱心に研究していたので、あまりにも画一的で、驚くほどシンプルな「メンデルの法則」は一般的には通用しないと思ったのです。

メンデルのもとには、「あなたのやった実験は確かにそうだったのかもしれないが、もっと複雑な遺伝現象もあるので、それについても研究しなさい」などと書かれたネーゲリからの返事が届いたと言われています。「そんな簡単な話で片付けられるほど遺伝現象は単純ではない」ということだったのでしょう。

確かに、ネーゲリの言うことにも一理あり、メンデルがエンドウマメを実験の材料に選んだのは、実はとても幸運なことだったのです。

もちろんこれはあとになってわかったことですが、メンデルが対立形質として注目した7つの形質に関わる遺伝子は、たまたまどれも独立の染色体に乗っていたのです。

そういえば、「DNAとか染色体とか遺伝子とかって、いったい何が違うのかよくわからない」という質問をよく受けます。それがわかっていないとこの先の話がちんぷんかんぷんになるでしょうから、ここで説明しておきましょう。

ＤＮＡは「デオキシリボ核酸」の略称で、糖にリン酸と塩基が結合した「ヌクレオチド」と呼ばれる化学物質が連なって構成される分子のことです。

ＤＮＡの塩基成分には、アデニン（Ａ）、チミン（Ｔ）、グアニン（Ｇ）、シトシン（Ｃ）の４種類があり、ＡはＴと、ＧはＣとのみ結合します。そして、Ａ対Ｔ、Ｇ対Ｃのように対になり、この対が連なった二重らせん構造がつくられます。

DNAの
二重らせん構造

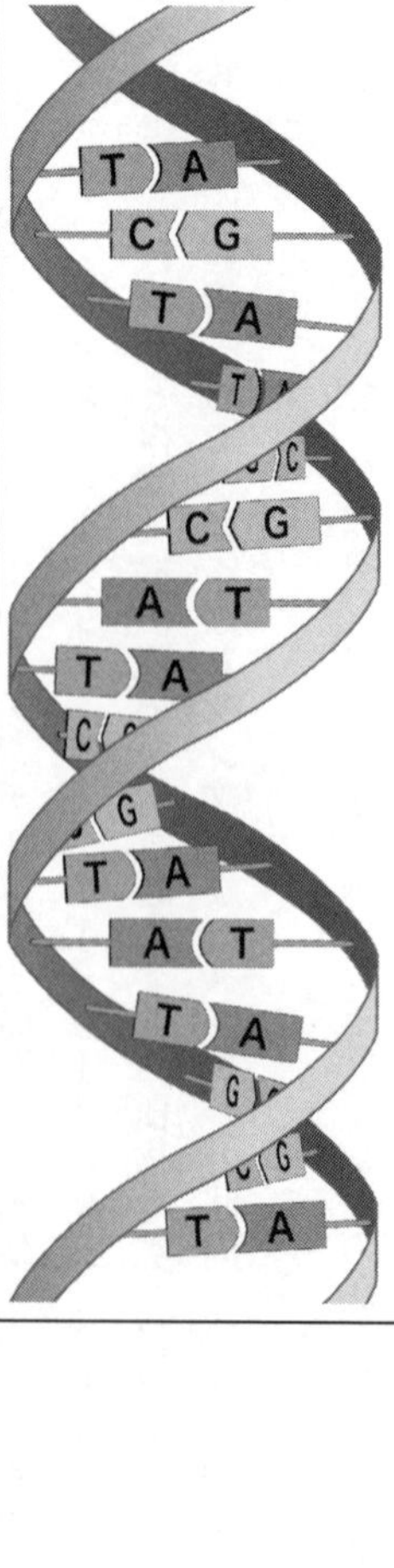

ＤＮＡ中の連続した塩基配列は３つで一つの単位となっていて、これは「コドン」と呼ばれます。コドンの一つずつが、生物の構成要素としては全部で20種あるアミノ酸のどれか一つに対応しています（ただし、対応していないコドンが３つあります）。アミノ酸が連なることでタンパク質がつくられますから、コドンの並びによって、合成されるタンパク質が規定されるという言い方もできますね。

生物の体はタンパク質でできていて、ＤＮＡの塩基配列はタンパク質をつくるための設計図なのです。

ただし、設計図として機能するのはＤＮＡのごく一部です。ヒトの場合でも、ＤＮＡ全体の１・５％くらいだと言われています。そのような設計図として機能するＤＮＡが遺伝子です。ＤＮＡと遺伝子は似たような意味合いで使われることが多く、それで問題ないことも多いのですが、厳密にはＤＮＡ＝遺伝子ではないということは覚えておいてください。

ＤＮＡの塩基配列は通常すべてが連続していることはなく、いくつかに分散して存在し、このＤＮＡのかたまりは染色体と呼ばれます。例えば、ヒトの体細胞には46本の染色体がありますが、これはつまり46個のＤＮＡのかたまりがあるということです。

遺伝子以外のＤＮＡには遺伝子の発現を制御する情報などが含まれていて、それらも含めたある生物がもつ染色体上のＤＮＡの全塩基配列あるいは全遺伝情報が「ゲノム」です。

また、あるタンパク質を合成するときには、ＤＮＡの二重のらせん構造が解けて、一本鎖になります。そして、タンパク質合成に必要なＤＮＡだけが転写されたｍＲＮＡ（メッセンジャーＲＮＡ）がつくられて、核の外に持ち出されるのです。ただし、転写の際、ＤＮＡのＴ（チミン）は、Ｕ（ウラシル）に変わります。

ｍＲＮＡは細胞内のリボゾームという細胞内小器官において、コドンの並び方通りにアミノ酸をつなげて、タンパク質をつくります。ちなみに新型コロナウイルスのワクチンとして有名になったｍＲＮＡワクチンは新型コロナウイルスのスパイクタンパク質をつくる情報をもつｍＲＮＡを外部から細胞に注入して、その人の体内にある細胞のリボゾームでスパイクタンパク質をつくらせるために開発されたものです。

20種類の各アミノ酸に対応するｍＲＮＡの塩基配列（コドン）を遺伝暗号といい、

第一の塩基	第二の塩基 U	第二の塩基 C	第二の塩基 A	第二の塩基 G	第三の塩基
U	UUU　フェニールアラニン	UCU　セリン	UAU　チロシン	UGU　システイン	U
	UUC　フェニールアラニン	UCC　セリン	UAC　チロシン	UGC　システイン	C
	UUA　ロイシン	UCA　セリン	UAA　（終止）	UGA　（終止）	A
	UUG　ロイシン	UCG　セリン	UAG　（終止）	UGG　トリプトファン	G
C	CUU　ロイシン	CCU　プロリン	CAU　ヒスチジン	CGU　アルギニン	U
	CUC　ロイシン	CCC　プロリン	CAC　ヒスチジン	CGC　アルギニン	C
	CUA　ロイシン	CCA　プロリン	CAA　グルタミン	CGA　アルギニン	A
	CUG　ロイシン	CCG　プロリン	CAG　グルタミン	CGG　アルギニン	G
A	AUU　イソロイシン	ACU　トレオニン	AAU　アスパラギン	AGU　セリン	U
	AUC　イソロイシン	ACC　トレオニン	AAC　アスパラギン	AGC　セリン	C
	AUA　イソロイシン	ACA　トレオニン	AAA　リジン	AGA　アルギニン	A
	AUG　メチオニン（開始）	ACG　トレオニン	AAG　リジン	AGG　アルギニン	G
G	GUU　バリン	GCU　アラニン	GAU　アスパラギン酸	GGU　グリシン	U
	GUC　バリン	GCC　アラニン	GAC　アスパラギン酸	GGC　グリシン	C
	GUA　バリン	GCA　アラニン	GAA　グルタミン酸	GGA　グリシン	A
	GUG　バリン	GCG　アラニン	GAG　グルタミン酸	GGG　グリシン	G

この遺伝暗号自体はほとんどの生物で同一です（ごくわずかの例外があります）。遺伝学を専攻している学徒なら105のページで示した遺伝暗号表が頭の中に入っているのではないでしょうか？

染色体はDNAがヒストンというタンパク質に巻き付かれたクロマチンと呼ばれる構造体として存在しています。染色体は細胞の核の中にあり、同じタイプのものが一対ずつ存在し、これを相同染色体と呼びます。

有性生殖において、卵や精子ができるときには相同染色体が分かれて、染色体数が半分になる「減数分裂」が起こり、そうして半分になった染色体数をnと呼びます。これらが結合し、受精卵になることで、元の2nに戻ります（左ページの図参照）。例えばヒトの染色体数は2nで46本ですが、卵と精子の染色体数はnの23本です。

ただし、言っておきますが、こういう遺伝の仕組みが明らかになるのはもっとずっとあとのことです。DNAの発見自体はメンデルの論文発表の4年後の1869年ですが、まだその機能はわかっていませんでした。染色体もメンデルが論文を送ったあのネーゲリによって1842年に発見されていましたが、減数分裂の発見は1880年代になってからです。

そういう時代背景の中でメンデルは、「分離の法則」を考えて、暗黙理に「遺伝は減数分裂の繰り返しで起こる」と言っているのです。

結果的にはそれらがピタッとハマっているわけですから、これはもう預言者だと言ってもいいくらいではないでしょうか。

有性生殖における染色体数の変化

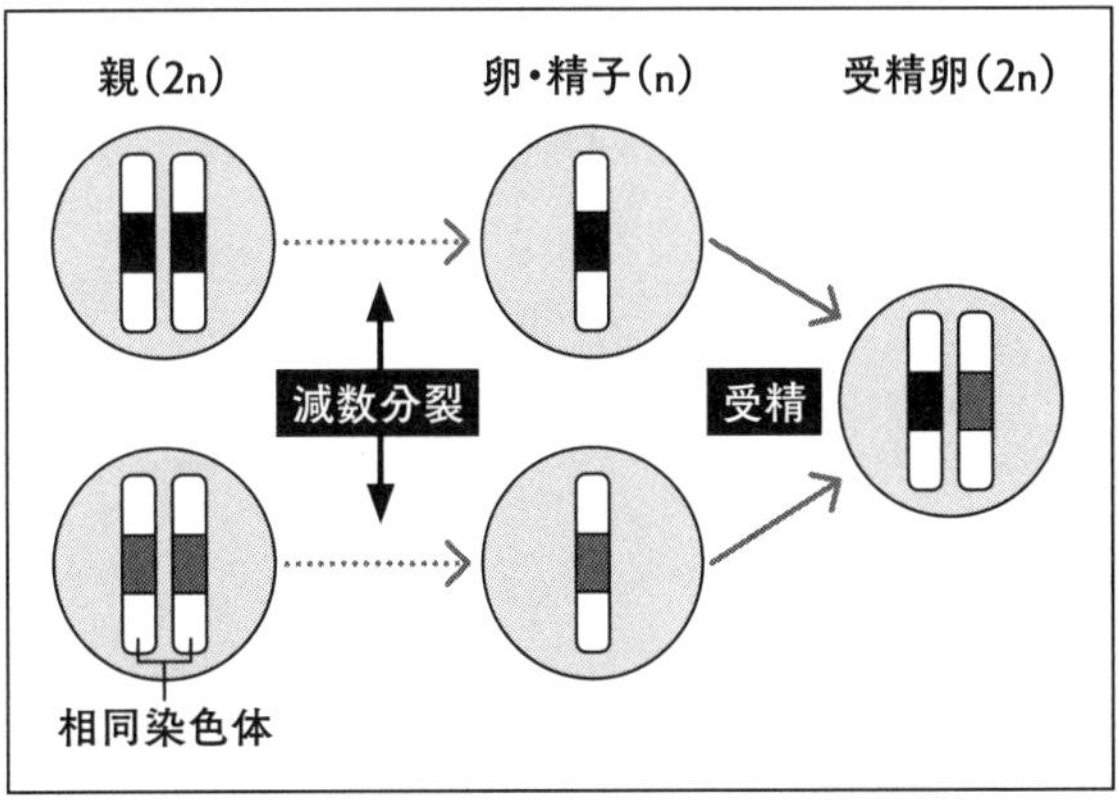

ダーウィンはメンデルの論文を知っていたのか？

すっかり話がそれてしまいましたが、メンデルが対立形質として注目した7つの形質に関わる遺伝子はすべて独立の染色体に乗っていた、という話に戻りましょう。

エンドウマメの染色体は全部で2n＝14本あります。すなわちnは7本です。

もしも、彼が注目した7つの形質の遺伝子のいくつかが同じ相同染色体に乗っていたら、連鎖していたり減数分裂の際に交差したりして、結果がぐちゃぐちゃになってしまった可能性が高いでしょう。実際、別の植物で実験すると、メンデルが言うようにはうまくいかないのが普通です。

互いに独立の染色体に乗っていたからこそ、例えば種子の形状は、花の色とか背丈などの遺伝情報に一切干渉されずに、あのような理論通りの「きれいな結果」を得ることができたのです。

メンデルのエンドウマメのデータは一つの実験につき数千個しかなく、決して量が多いとは言えませんでした。だから、のちに統計学的にはこれほどきれいなデータが出るわけはないと批判されました。

「自分の都合のいいデータだけを抜き出したのではないか」などと言って批判したのは、進化生物学者、遺伝学者としても著名なロナルド・フィッシャー（1890－1962）ですが、彼は推計統計学の確立者でもありますから、その指摘はきっと正しいのだと思います。おそらくメンデルは何度も実験を重ね、その中からきれいなデータが出た結果だけを選んだのでしょう。

ただしそれは、自分の理論が正しいことを確信していたことの裏返しとも言えるわけで、そう考えるとメンデルの先見の明は恐るべきですね。

1868年にメンデルは修道院長に就任しますが、そのせいで多忙を極めるようになり、やがて交雑の研究もやめてしまいます。

そして、自分の理論が世の中に認められないまま、1884年に61歳でその生涯を閉じました。

「変異はエレメントに還元できる」とする「メンデルの法則」は、ダーウィンがどうしてもわからなかった「なぜ変異が起こるのか」の答えを示唆しています。

実はメンデルは、多くの研究所やネーゲリ以外の研究者たちにも、自分の論文の別刷りを送っていて、そこにはダーウィンも含まれていました。しかし、ダーウィンはそれを無視したようで、ダーウィンの著書の中にメンデルの「遺伝の法則」について記載されたものは一切ありません。

しかもダーウィンは、「メンデルの法則」が論文として発表された2年後に、例の「パンゲン説」を発表しています。

もしも、「メンデルの法則」のことを知っていれば、賢明で慎重なダーウィンなら間違いなく「パンゲン説」をもう一度考え直そうとしたでしょう。そうしなかったということは、ダーウィンはメンデルの論文にそもそも目を通さなかったのではないでしょうか。ざっと目を通したけれど理解できなかったか、あるいは理解しようとしなかった、という可能性もありますけどね。

同じ時代を生きたダーウィンとメンデルがもしも交流していたとしたら、進化論は別の歴史を歩むことになっていたかもしれません。

20世紀の生物学界を席巻したメンデリズム

すっかり忘れ去られつつあった「メンデルの法則」の論文は、ユーゴー・ド・フリース（1848－1935）、カール・エーリヒ・コレンス（1864－1933）、エーリヒ・フォン・チェルマク（1871－1962）という3人の学者によって再発見され、1900年には「ドイツ植物学会報告」に前後して発表されました。

ただ、この3人が本当に再発見したのか疑わしい部分も実はあって、コレンスだけが真の再発見者で、ド・フリースも少し怪しく、チェルマクに至っては単に剽窃しただけではないかという説もあるようです。

いずれにしても、本人の存命中には誰も見向きもしなかった「メンデルの法則」は「ブルノ自然科学協会」での発表から35年もの時を経て、科学史の表舞台に躍り出ることになりました。

メンデルは自分の理論に自信をもっていたと思われますが、何しろ存命中は全く認められなかったのですから、自分が死んだあとにその理論が突然有名になり、やがては世界中の教科書に載ることになるなんて考えたことはなかったでしょうね。

「メンデルの法則」の再発見者とされるド・フリースは、オオマツヨイグサの変異株が突然現れ、その形質を受け継ぐ子が生まれてくるのは、メンデルが「エレメント」と呼んだ遺伝物質に突発的な変化が起きたためだと考えました。彼はこれを「突然変異」と名づけ、「突然変異説」を提唱します。

そのようなこともあって、「メンデルの遺伝学」すなわち「メンデリズム」は、ますます脚光を浴びるようになり、もはやこの世にいないメンデルは、「遺伝学の祖」とまで呼ばれるようになりました。

表舞台に立つまでに時間を要したとはいえ、メンデルの理論というのは、一つの変異が一つの実体（エレメント）に対応するという話なので、非常に単純明快です。

それまでは、子が親から何をどうやって引き継ぐのかを考えるときには、白と赤を混ぜ合わせるとピンクになるというような「混合遺伝説」で説明されていました。

しかし、それだと親がもっていた白や赤は、すっかりピンクに変わってしまいます。

白と赤の絵の具を混ぜてピンクにしてしまうと、そこから先は白と赤を分けるとか、取り出すことはできません。

一方、メンデリズムではエレメントをビーズ玉のようなものだと想定して、それが混ざると考えます。

ガラガラと両者をよーく混ぜながら、遠くからそれを見れば、白と赤が混ざり合ったピンク色のように見えますが、一個一個はあくまでも粒子ですから、混ざり合ったあとでも、分けたり、独立させたりすることができます。

つまり、表現型はピンクになっても、エレメント自体は何も交わらず、不変だということですね。

メンデリズムが20世紀の生物学界を席巻した最大の要因は、このような「不変の粒子」を想定したことに大きな要因があります。科学というのは変わりゆく現象をなんらかの同一性で説明する試みなのです。その辺の話に興味がある方は拙著『構造主義科学論の冒険』（講談社学術文庫）をお読みください。

ともあれ、「不変の粒子」の想定によって遺伝学は、明確な客観性をもつ「科学」へと歩を進めることになったのです。

ダーウィニズムはすっかり失墜していく

メンデリズムが脚光を浴びる一方で、ダーウィンの「進化論」、すなわち「ダーウィニズム」はしばらく凋落の一途をたどることになります。

ダーウィンの唱えた「自然選択説」は、「漸進主義（gradualism）」で貫かれていて、『種の起源』の中にも、「進化は徐々に徐々に起こる」とか「自然は飛躍しない」という表現が何度も出てきます。

つまり、折れ線グラフの横軸に時間を取り、縦軸に変異を取るならば、滑らかな右上がりの変化を示すのが「自然選択説」の理屈なのです（左ページの上のグラフ）。

ところが、「変異は何らかのエレメントによって起こる」とするメンデリズムは、ド・フリースが「突然変異説」で唱えたように、生物の形は突然変化すると考えます。

例えば、「背が高い」という形質を発現させるエレメントが、背の低くなるエレメントに変わるのであれば、だんだんと背が低くなるというような途中経過を経ることなく、背の低い生物は、突然生まれてきます。

折れ線グラフで言うならば、突然変異で急にジャンプして、しばらく変化のない時期があり、また一気にジャンプするというような階段状を示すのがメンデリズムの発想です（左下のグラフ）。

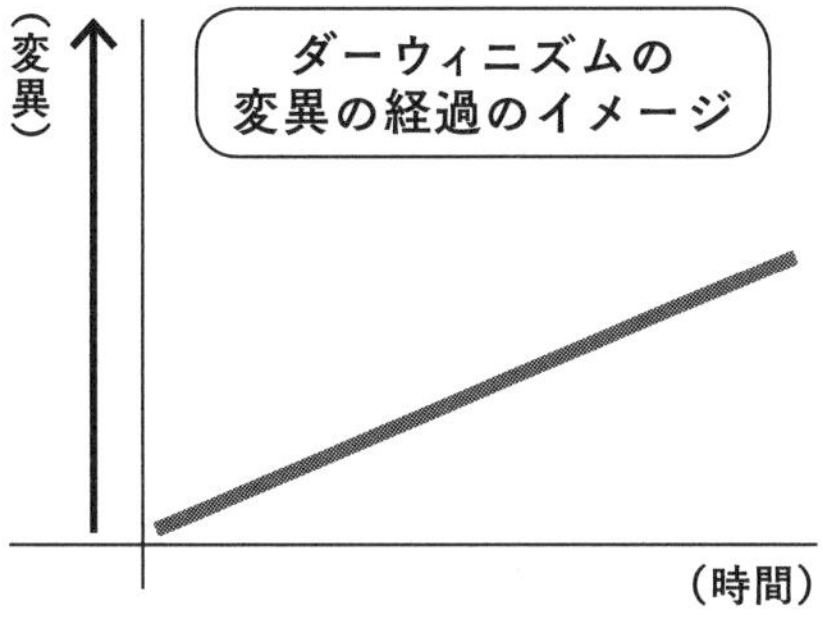

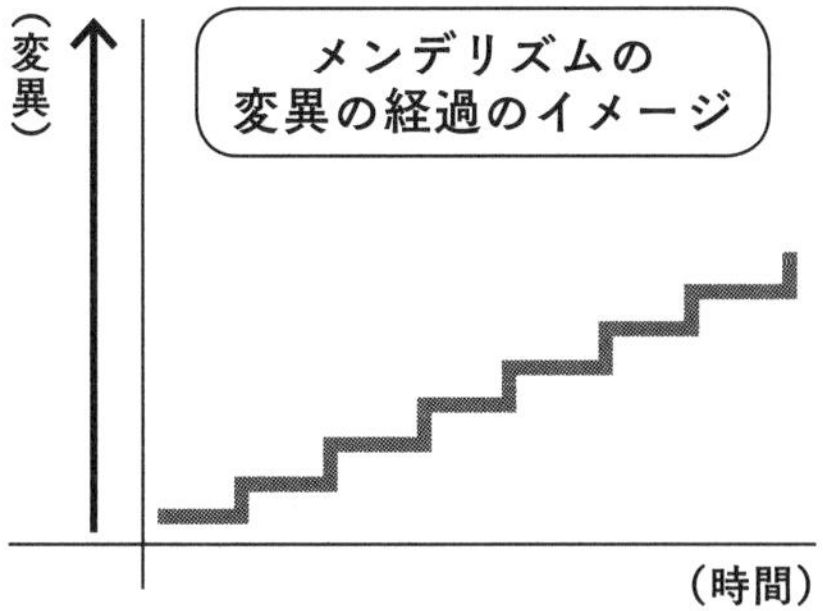

こうした観点から見る限り、ダーウィニズムとメンデリズムは全く別の学説です。だから私が中学生だったころの教科書には「自然選択説」と「突然変異説」は相反する別の仮説として紹介されていました。

そもそも突然変異が一度起きるだけで新しい種が生まれるとなれば、生物の進化に自然選択など必要ないということになります。

まさに「突然現れた」メンデリズムは、少なくともこの時点においては、ダーウィニズムにとって、とても都合の悪い理論だったと言わざるを得ません。

それもあって1904年には『死の床にあるダーウィニズム』という本まで出版されるくらい、20世紀の初頭から1920年代の終わりころまでの間、ダーウィニズムはすっかり失墜していくことになりました。

「ネオダーウィニズム」という新たな潮流

ところがその後のさまざまな研究の中で、変異は確かに不連続に起きるものの、新たな種がいきなり生まれるような飛び抜けた変異はめったになく、実際の変異幅はかつて予想されていたよりごく小さいことが次第に明らかになってきました。

115ページで示したメンデリズムの折れ線グラフのような極端なジャンプが起こらないのだとすれば、グラフは上図のような細かな階段状になります。これを遠目で見れば、自然選択説のグラフのほうにより近い形になるのです。

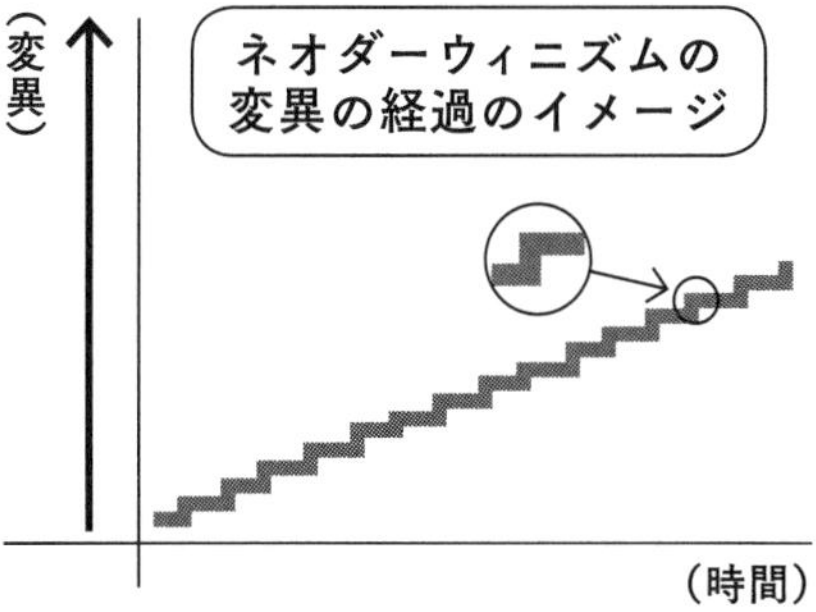

こうして、生物というのはマクロに見れば、やはりダーウィンが言っていたように徐々に徐々に変化してきたのではないか、というふうに考える人が多くなって、「自然選択説」が再び息を吹き返します。

それと同時に、すべての形質の原因はメンデルが「エレメント」と呼んだ「遺伝子」にあるという「還元論」が支配的になってきました。

話が前後してしまいますが、この「遺伝子」という呼称は、有力なメンデリストでもあったウィリアム・ベイトソン（1861－1926）が1906年に使ったのが最初だと言われていますが、それ以降、一般的に使われるようになりました。ベイトソンはメンデルを敬愛するあまり、メンデルのファーストネームである「グレゴール」を英語読みした「グレゴリー」を自分の息子の名前につけています。そのグレゴリー・ベイトソン（1904－1980）は長じて著名な人類学者になっています。

また、1920年代には、トーマス・ハント・モーガン（1866－1945）が世代交代の速いショウジョウバエで研究を重ね、遺伝子が染色体の上にビーズのように並んでいることを証明しました。「遺伝子が染色体上にある」ことは1902年にウォルター・サットン（1877－1916）がすでに提唱していましたが、モーガンがそれを実証したのです。

そのような背景を経て、1930年から1940年にかけて、メンデルの「遺伝学説」とダーウィンの「自然選択説」を融合する潮流が生じます。そしてそれが「ネオダーウィニズム」と呼ばれるようになったのです。

オオシモフリエダシャクの工業暗化

メンデリズムとダーウィニズムを融合したネオダーウィニズムの主張を順序立てて簡単にまとめてみましょう。

1、生物には変異があり、遺伝する変異の原因は遺伝子である。遺伝子は無方向かつランダムな突然変異を起こす。
2、遺伝子以外の原因で出現する形質は遺伝しないので、適応的であろうが、不適応的であろうが、進化には関係ない。つまり、獲得形質の遺伝は否定される。
3、生物は親まで育つ数より、ずっと多くの子どもをつくる。
4、環境に適した変異の原因となる遺伝子は、そうでない遺伝子に比べ、次世代に伝わる確率が高い。これが自然選択である。
5、その結果、生物は世代を重ねるごとに、集団の中での遺伝子の変換や頻度変化が起こる。すなわちこれが進化である。

このように、両者のいいとこ取りをした折衷案がネオダーウィニズムというわけですね。

そして、ネオダーウィニズムが正しいことを示す証拠として、広告塔のようにしばしば持ち出されるのは、「オオシモフリエダシャク」という蛾の「工業暗化」の話です。イギリスのマンチェスターに生息していたオオシモフリエダシャクは、19世紀後半まで白っぽい翅《はね》を持つ個体がほとんどでした。イギリスでは昔から木の幹に白っぽい地衣類が生えていたので、翅の色は鳥などの天敵から身を守るための保護色になっているのだと考えられていたのです。

しかし19世紀後半になると、環境汚染によって地衣類が枯れ出してしまったため、白いオオシモフリエダシャクはかえって目立つようになり、そのせいで鳥に食べられてしまう確率が高まったのだと推測されました。

その結果、突然変異によって生じた黒い翅を持つオオシモフリエダシャクの個体数が次第に多くなっていったと考えられたのです。

つまり、このような「工業暗化」という一種の進化は、突然変異による形質（翅の色）の変化が、生存に有利か不利かの差（鳥に捕食される確率の差）を生み、自然選択が働いた結果である、というわけです。

確かにとてもわかりやすい例ですが、オオシモフリエダシャクの工業暗化は「煤《すす》に汚染された葉を食べることによって翅が黒くなったのではないか」とか、「そもそもオオシモフリエダシャクは、昼間は木の幹に止まらないので、翅の色の差で有利不利が決まることはない」といった反論があり、「自然選択による進化」を疑う声がかなりあるのも事実です。

また、最近は環境の浄化が進んだせいで、再び白い翅をもつオオシモフリエダシャクが増えて、黒い翅のオオシモフリエダシャクは減っているとも言われています。

種が変化するといった進化は、あくまでも「不可逆的な変化」を指しますから、条件が変わったことでまた元に戻ってしまうのだとすれば、オオシモフリエダシャクの翅の色の変化を、一般的な進化の例として挙げるのは問題があるのではないかと私は思いますが、「突然変異と自然選択による進化の例」として、なぜかいまだに教科書でも紹介されています。

「集団生物学」の発展と「分子生物学」の勃興

ダーウィンの「進化論」における進化とは、「世代を継続して形質が変化すること」それ自体を指していました。私も本書の冒頭で、「今までと全然違う形質が現れて、その形質が次の世代に引き継がれる」ことを進化と定義しています。

その後、メンデリズムとダーウィニズムが融合したネオダーウィニズムでは、遺伝する形質の変化の原因は遺伝子の変異であり、形質は最終的には遺伝子が決めると考えられました。ネオダーウィニズムの文脈では、変異に対応する遺伝子が染色体上に実体としてあり、形を決めるAという遺伝子があればAという形ができる、すなわち形と遺伝子が一対一で対応すると「想定」されたのです。

進化は「集団中の遺伝子の変換と増減」とほとんど同義に扱われるようになり、それをテーマとする「集団生物学」が発展するようになったのです。

1950年代に入ってからは遺伝子の本体はDNA（デオキシリボ核酸）であることが明らかになり、ジェームズ・ワトソン（1928－）とフランシス・クリック（1

916－2004）によってDNAの二重らせん構造（102ページ参照）も発見されました。ちなみに、ワトソンとクリックはこの研究成果により1962年のノーベル生理学・医学賞を受賞しています。

また、1960年代に入ってからは、105ページに掲載したタンパク質の合成を規定する遺伝暗号も解読されました。

こうして生物を分子レベルで解明しようとする「分子生物学」が勃興したのです。

「分子進化の中立説」を提唱した木村資生

「集団中の遺伝子の変換と増減」という観点からは、ネオダーウィニズムの基本図式は、次のように説明できます。

「自然選択は表現型（形質）の微細な変異を通して、究極的には適応的な遺伝子の集団中の頻度を増加させ、不適応的な遺伝子の頻度を減少させる。突然変異によって新しく生じた遺伝子は、このようなプロセスで増加したり、消滅したりする。その繰り返しが進化である」

ものすごく簡単に言えば、「環境に適応的な遺伝子が生き残っていく」ということです。

けれども、必ずしもそうではなさそうだと言い出した人がいます。

それが、国立遺伝学研究所の木村資生《もとお》（1924－1994）という集団遺伝学者です。

ここにきて、初めて日本人の名前が登場しましたね。

1968年に木村が雑誌『Nature』で発表したのが、「分子進化の中立説」です。

もうこのころには、分子生物学の発展によって、DNAの塩基配列の置き換えがどのような速度で進んでいるかとか、集団内での遺伝的多型（遺伝的な個体差）といったデータも集められるようになっていました。それがわかれば、種内で突然変異がどれくらいの頻度で起こっているか、同じ種内において遺伝子レベルではどれくらいの多様性があるのかを推定することもできます。

木村は、ゲノム全体では1年あたりどれくらいの遺伝子置換があるかを推定しました。

そうして得た推定値に彼はとても驚きます。なぜなら、その数値は予想していたよりはるかに高かったからです。

分子レベルの変異に自然選択はかからない

木村の中立説には、ある理論が大きく影響しています。

それは、1955年ころからライナス・ポーリング（1901－1994）とエミール・ズッカーカンドル（1922－2013）が提唱した「分子時計」という考え方です。

彼らは赤血球中のタンパク質であるヘモグロビンαとミトコンドリアのタンパク質であるチトクロムcのアミノ酸配列に注目し、いろいろな動物間で配列の相違を調べ、生物の類縁度が高いほど相違が少ないことを見つけました。

そして、化石上ですでに分岐年代が判明しているものとの相関関係を確認してみると、アミノ酸配列の差と分岐年代の古さには正の相関があることもわかりました。

そのことから分子レベルでの進化の速度は一定なのではないかという結論に至りました。つまり、アミノ酸配列の変異は時間に比例して起こるというわけです。これが二人が提唱したいわゆる「分子時計」という考え方です。

木村が、ヘモグロビンのほか、すでに明らかになっていたほんの少数のタンパク質についてアミノ酸配列の変異をゲノム全体に当てはめて計算してみると、予想をはるかに超えた頻度で突然変異の蓄積が起こっていて、同種内の遺伝的多様性もきわめて高いことがわかったのです。

ほとんどの突然変異は基本的には有害なので、ある限度を超えて起こると集団は衰退するはずです。つまり、これほどの高い頻度で変異が蓄積するということは、それらの変異が適応とは無関係の変異だと考えざるを得ません。すなわち「分子進化」（分子レベルの進化）は自然選択からは中立なのです。

『生物進化を考える』（岩波新書）という本人の著書によれば、木村は「これらの予想外の結果を集団遺伝学の立場で説明するためには、どうしても自然淘汰に中立な突然変異の偶然的浮動が分子レベルでの進化で主役を演じていると考えざるをえない」という結論に達します。

簡単に言えば、「自然選択の観点からすると有利でも不利でもない中立の突然変異が、偶然集団内に広がって固定することによっても、進化は起こる」ということです。

このような「自然選択ではなく偶然による遺伝子のゲノムへの定着」は、「遺伝的浮動」と呼ばれています。

『Nature』に発表された木村の「中立説」は、自然選択を中心とするネオダーウィニズムとは相容れないと受け取られ、当初はかなりの論争を巻き起こします。こんなものはインチキだという人もたくさんいたようです。

面白いのは、先ほどの著書で木村自身も「中立説は観察データの分析に基づく理論的必然に迫られて提出したもので、当時の進化総合説（ネオダーウィニズム）に洗脳されていた一人として、感情的には自分の出した中立説がなかなか心からは信じられないところがあった」と振り返っていることです。

また、「そのころ、集団遺伝学の分野では、中立説を否定したという実験的結果が続々と発表されるようになったが、あるものは実験が間違いだったり、あるものは不完全で決定打を欠くとか、発表後2、3年の危機が乗り越えられ胸をなでおろしたことも忘れられない」とも言っていますから、本人も最初は自分の理論に半信半疑だったのかもしれません。

しかしその後、分子生物学はさらなる発展を遂げ、DNAの塩基配列に関するデータが爆発的な勢いで発表されるようになりました。進化におけるDNA塩基の置き換えは、タンパク質のアミノ酸に変化を起こさせないもの（表現型に影響を与えないもの）のほうが、起こさせるもの（表現型に影響を与えるもの）よりはるかに大きな速度で起こっていることもはっきりしてきました。

ダーウィンが提唱し、ネオダーウィニズムに引き継がれた「自然選択説」というのは背の高いほうが有利だから生き残るとか、背が低いから淘汰されるといった話ですから、「個体の表現型」（表に現れる形質）にしか働きません。表現型に影響を与えないような分子レベルの変異に自然選択はかからないのです。

分子レベルで見れば、「適応的でも不適応的でもない変異」が頻繁にゲノムに定着されていて、「適応的でも不適応的でもない変異」が生き残っている、つまり適応とは独立して進化が起きていたのです。

確かにこの事実は「適応的であるものが生き残っていく」という自然選択の根幹とは矛盾するように見えますが、偶然にある変異が広がるのは、確率的にも避けられないということを木村は数学的に立証してみせました。そういう紆余曲折を経て、木村の「中立説」は徐々に学界でも認められるようになり、1983年に自身の理論の集大成を『分子進化の中立説』（紀伊國屋書店）という本にまとめたことで、大きな論争に完全なる決着がつけられたのです。

木村の「中立説」は「適応万能主義的思想」に疑問を投げかけるものではあっても、自然選択自体を否定するものではありません。一部の「表現型」を対象にすれば、確かに自然選択は認められるからです。

だから現在は、「ある特定の遺伝子が自然選択によらずに偶然集団内に広がることはあり得る」という言説が、ネオダーウィニズムの図式の中で語られるのが一般的になっています。

「分子進化の中立説」を世の中に認めさせる大きな追い風になったのは、分子進化学者の宮田隆（1940－）が「偽遺伝子（pseudogene)」の進化速度を推定することに成功したことです。

偽遺伝子というのは、昔は機能していた遺伝子が何かの加減で機能をもたなくなったジャンク遺伝子ですが、もはや機能をもたないのですから、どう変異したところで有利でも不利でもない、つまり、木村が言うところの「中立」の遺伝子なのです。

繰り返しになりますが、ダーウィン流の「自然選択説」によれば、適応的な突然変異は増えていき、不適応的に突然変異はすぐになくなるはずです。だから、適応的でも不適応的でもないこのような変異は、選択もされなければ排除もされないので、ずっと同じ割合でゲノム中に存在すると考えるのが合理的です。

ところが宮田が推定した数値からは、この偽遺伝子がすさまじい勢いで変異を繰り返し、ほかのどの遺伝子よりも速いスピードで進化している事実が見えてきました。もちろんこれは自然選択がかかっているわけではなく、言うなれば偶然の結果なのです。

「分子時計」で生物の分岐時期がわかる

話は少し戻りますが、分子レベルでの進化スピードは同じであるとする「分子時計」の発見によって、同じ祖先から分岐した生物同士が、いつ分岐したのかを比較的簡単に推定することができるようになりました。

ＤＮＡの塩基置換（もしくはそれに伴うアミノ酸置換）が一定のスピードで生じてきたとすれば、現存する2種類の生物の相同タンパク質（同じ祖先遺伝子に由来するタンパク質）のＤＮＡの塩基置換数（あるいはアミノ酸置換）と分岐してからの時間は比例します。

つまり、2種のＤＮＡの塩基置換数（あるいはアミノ酸置換数）を比較して、いくつ置換されているかを調べれば、どれくらい前に分岐したかがわかるのです。

例えばヘモグロビン分子のα鎖のようなタンパク質をつくるＤＮＡが１００万年に一度の割合でアミノ酸置換を起こすことがわかっていて、２つの生物の細胞内にあるＤＮＡを比較するとアミノ酸置換が10箇所に起きているのがわかったのだとすれば、両者がいつ分岐したのかは、100万年×10という簡単な計算式で算出されます。この2種は1000万年前に分岐した、と推定されるわけですね。

そして「分子時計」も「中立説」も、それらを成立させる生物学的現象は「遺伝的浮動」なのです。

もちろん、あるときは一気に置換が進み、あるときはしばらく起こらないということはあるかもしれませんが、中立の進化というのはあくまでも偶然に起こるので、100万年とか1000万年といったものすごく長い目で見ると、一定の確率でコンスタントに起こると仮定することができます。

一方の自然選択の場合は、どの遺伝子（遺伝的変異）が選択されるかは、その時々の環境による影響を受けるので、進化速度を一定に保つなんてことはできません。

ヒトとゴリラは1300万年前に分岐したとか、チンパンジーやボノボのグループとヒトは今から700万年前に分岐したなどと言われたりしますが、これも現在のヒトやゴリラ、そしてチンパンジーやボノボのDNAの塩基配列の置換数を調べることで判明したものです。

「分子時計」と「中立説」と「遺伝的浮動」の3つの関係をざっくり言うと、「分子時計」の正しさを裏付ける理論が「中立説」で、「中立説」の正しさを裏付ける生物現象が「遺伝的浮動」ということになります。

だから木村の果たした功績は、多くの日本人が想像するよりはるかに素晴らしいもので、スティーヴン・ジェイ・グールド（1941－2002）というアメリカの有名な古生物学者が、「木村資生の分子進化の中立説は、ダーウィン以来のすごい業績だ」と絶賛したという話も伝えられています。

ノーベル賞こそ受賞していませんが、生物学においては世界で最高レベルの賞とされる「ダーウィン・メダル」を受賞した日本人は、今のところ木村資生だけです。

第4章

ネオダーウィニズムの限界と「構造主義進化論」

ネオダーウィニズムが整合的な側面は確かにある

適応的でも不適応的でもない突然変異が偶然に維持され広がっていく可能性（中立説）は認めたものの、ネオダーウィニズムの基本はあくまでも突然変異と自然選択で成り立っています。

その主張をもう一度おさらいしておきましょう。

ある生物の遺伝子に突然変異が起こる。

←

ほとんどのケースでは元からいたタイプよりも不適応的なので、この遺伝子をもつ個体はすぐに死んでしまうか、あるいは自然選択の結果、個体群から取り除かれてしまう。

←

ただし、ごくまれに、その突然変異がオリジナルより適応的だというケースもあり、その場合は自然選択によって変異個体が集団に広がる。

←

この繰り返しで生物は環境に適応するように進化する。

1960～1970年代の分子生物学の発展は、ネオダーウィニズムのこのような理論が正しいことを証明するのに大いに役立ちました。

そのころは、ちょうどペニシリンなどの抗菌薬（抗生物質）の耐性菌問題が勃発したのですが、そのメカニズムも、ネオダーウィニズムの主張そのままだったのです。

耐性菌というのは読んで字のごとく、投与される抗菌薬に耐性をもった菌、つまりその薬が効きにくい菌のことです。このような耐性菌は突然変異によって出現します。抗生物資を飲み続けると耐性菌が生まれるというふうに脅してくる医者もいるようですが、耐性菌が発生するのは突然変異が原因ですから、あくまでも偶然なのです。

抗菌薬というものが存在する以上、もともとの菌は耐性菌より圧倒的に不利ですから、そのうちどんどん淘汰され、最終的には耐性菌だけが生き残ります。こうなると抗菌薬は全く効かなくなりますから、今までなら抗菌薬を飲めば治っていた感染症も治りにくくなってしまうのです。

また、がん細胞に抗がん剤が効かなくなる現象もネオダーウィニズムで説明できます。

がん細胞は分裂して増殖する際に突然変異を起こすことがあり、その場合は同じ人の体を蝕むがん細胞の中に、遺伝子に違いがあるものが含まれることになります。

そこにある抗がん剤を投与すると、その抗がん剤がよく効くがん細胞は死滅しますが、たまたまその抗がん剤に耐性のある遺伝子をもったがん細胞が含まれていた場合は、そのがん細胞は生き残ってしまいます。

そうなるとその残ったがん細胞を叩くために、別の抗がん剤が投与されるのですが、どちらの抗がん剤にも耐性をもつがん細胞が少しでも存在していた場合、しばらくするとそのがん細胞が増殖していくのです。このようなことを何度も繰り返すうちに、すべての抗がん剤が効かなくなるでしょう。

これらはまさに、まずは突然変異が起こり、それが適応的なものであったなら生き残り進化していくとするネオダーウィニズムの理論を実証する例だと言えるでしょう。

ダーウィンの「自然選択説」では、種が存続するにはどのような「形質」や「行動」が最も望ましいかという議論に終始していたのが、ネオダーウィニズムでは「遺伝子」という観点が重要視されるようになりました。そのおかげで、「形質」や「行動」だけを見ると表面的には適応的だとは思えず、進化にとっては不利ではないかと思われたようなことでも、遺伝子を残すという意味では明らかに「適応的」で「有利」だと判断できるケースも浮かび上がってきたのです。

ヘモクロマトーシスというのは、体内の鉄代謝が異常になる遺伝病ですが、この遺伝子は現代の環境には圧倒的に不適応的であるにもかかわらず、今もなおこの遺伝子をもつ人が多く存在します。

特に多いのがヨーロッパの人たちで、それは中世のヨーロッパでペストが大流行したことが関係しています。

実はヘモクロマトーシスの遺伝子をもつ人はペストに対する耐性があり、つまりその時代のヨーロッパにおいてはこの遺伝子をもつ人のほうが適応的だったため、今もなお、その遺伝子が受け継がれているというわけなのです。

ヘモクロマトーシスよりもさらによく知られているのが、鎌状赤血球貧血症とマラリアの関係です。

この病原遺伝子を父親と母親の両方から受け継いだ人は、極度の貧血になり、生存にも不利になるので、そういう意味ではこの遺伝子は適応的だとは言えません。

ところが、父親か母親のどちらか片方だけから受け継いだ人（片方は正常遺伝子の場合）は、鎌状赤血球貧血症自体は低酸素状態でしか発症しないので通常の生活にはさほど支障ありません。その一方で「マラリアに感染しにくい」という〝メリット〟があるのです。

つまり、鎌状赤血球貧血症の遺伝子はマラリアの有病地においては適応的です。だから淘汰されることはなく、マラリアの流行地や過去に流行した地域ではこの遺伝子の集団中の頻度はかなり高くなっています。

ヒトの「はだか」はなぜ淘汰されなかったのか

これらの例が示すように、ネオダーウィニズムの理論は必ずしも間違ってはいませんし、ある側面においては非常に整合的です。ただ、読みようによっては、進化の目的が「適応」であるかのようにも受け取れます。

そのせいで多くのネオダーウィニストたちは、「現在見られる生物の形質や行動はおおよそ現在の環境に適応しているはずで、もしも不適応なものがあったとしても、比較的近い過去には適応していたに違いない」と話を飛躍させ、「生き残っているという事実が現在の環境（あるいは近い過去の環境）に適応していることの証しである」と暗黙裡に決めつけてしまっているのです。

けれども実際には、すべての生物の形質にこれが当てはまるわけではありません。

例えば、ヒトはヒトになってから（少なくともホモ・サピエンスになってから）、基本的にはずっと「はだか」だと考えられます。もちろん、毛が全くないわけではありませんが、ほかの多くの動物と比較して考えれば「ヒトははだかである」と表現しても特に問題はないでしょう。

陸上動物がはだかでいると、外の刺激にもろにさらされるので、生命維持に欠かせない体温調節にも大きな困難を伴います。人間の場合はたまたまほかの動物よりも知恵があるので、「服を着る」という手段で補っていますが、はだかという形質自体は、決して適応的ではないのです。

もしも、「環境に適応するように進化する」のが本当ならば、どこかのタイミングで突然変異によってほかのヒトよりも少し毛が多いヒトが生まれ、そういうヒトは生きるのに有利ですから、自然選択によってオリジナルのヒト、すなわちはだかのヒトは徐々に淘汰されていくはずです。だから、体を覆う毛が多いヒトが選択されていって（生き延びていって）、徐々に「毛で覆われたヒト」へと進化していった、というストーリーでないと辻褄が合いません。

いくら進化がゆっくり進むとしても、ヒト（二足歩行のヒト科の動物）が生まれてから（チンパンジーと分岐してから）もう700万年くらいはたっているのですから、そういう方向に進化するだけの時間は十分あったはずです。しかも、ヒトは1万数千年前の氷河期を見事に生き抜いているのです。

自然選択だけでは進化のすべてを説明できない

それでもなんとかして、「生物は環境に適応するように進化する」というネオダーウィニズムの文脈で説明しようとすると、ヒトのはだかは少なくとも過去のどこかの時点で「環境に適応的だった」という話にしなければなりません。

そこでネオダーウィニストたちは苦し紛れとしか思えないような奇妙な説を唱え始めたのです。

最も広く知られているのは「サバンナ適応説」でしょう。

これは、ごく初期のヒトは熱帯や亜熱帯の草原地帯に棲んでいたので、暑さの厳しい草原で走り回るには、発汗効率を上げて体温を下げなくてはならなかった、だからはだかのほうが適応的だった、というものです。

初期のヒトは草原というよりも森の中に棲んでいた可能性のほうが高い（最古の人類である700万年前のサヘラントロプスや600万年前のオロリンは森に棲んでいたと見られる）ので、この説の信憑性はそもそも怪しいのですが、動物学者の島泰三（1946－）は自著『はだかの起源　不適者は生きのびる』（講談社学術文庫）の中で、「サバンナ適応説」などあり得ないと痛烈に批判しています。

島によれば、熱帯地方においては体重1t以下の無毛の陸上動物が体温調節するのはほぼ不可能に近く、発汗効率うんぬんで太刀打ちできるレベルの話ではないのだそうです。毛がないままで生存しようとすれば、外気温がかなり安定している場所に生息する以外に方法はありません。

その典型的な例が、「ハダカデバネズミ」です。そのユニークな名前が示すとおり、はだかで出っ歯という形質をもつ彼らは、外部の環境とは関係なく温度や湿度がほぼ一定に保たれる地中深くで生活することで自らの命を守っているのです。

アフリカの草原の陸上動物は、ゾウやカバ、サイなどの巨大動物を除けば、ほぼ例外なく豊かな体毛を有しているのは誰もが知る事実でしょう。だから仮にヒトがサバンナに棲んでいたとしても、はだかが適応的だったはずはない、と島は断じているのです。

ネオダーウィニストが唱える別の説には、初期のヒトは海中生活者だったという「アクア説」なるものもありますが、これについても島は、食性を含めたヒトの生態を完全に無視した「空想の世界」の説だと強く反論しています。また、海中生活が一時的なものだったとしても、というか、だったらなおさら、いざ陸に上がったときには毛皮がないと生きるのが難しいのですから、無毛が適応的だったとは到底考えられません。

そして島は「人間程度の大きさとその生活環境から考えれば、裸は哺乳類としての失敗作であり、その維持のために、相当な無理をしなくてはならないだろうと予想できる」と論じています。

ネオダーウィニストたちは、「ヒトのはだか」を自然選択で説明しようと必死になっていましたが、実は自然選択の産みの親であるダーウィンも、同様の考えをもっていたウォレスも、自然選択だけで進化のすべての過程を説明することはできないと思っていたようです。

遺伝学者のアントニオ・リマ＝デ＝ファリア（1921－）は、私が監訳を担当した彼の著書『選択なしの進化　形態と機能をめぐる自律進化』（工作舎）の中で、『種の起源』の中にある「すべて自然選択で形成されたと仮定するのは、正直に告白すれば、ほとんど馬鹿げているように思われる」という目の進化に関するダーウィンの考えを紹介し、「進化の現象を細部にわたって分析したダーウィンにとって、自然選択は応用の効かない断言でなく、一つの提案だった」と述べています。

一方のウォレスもイギリスで出版された『自然選択説への貢献』という著書の中で「私が熱心に擁護している説で自然のすべてが説明できるとは思っていない。しかも今や私は自然選択の力に異議を唱え、あるいはこれに制限を加えようとしている」と語っています。「ヒトのはだかの皮膚は自然選択で生じたはずはない」「毛深いヒトの祖先に起こったその変異が有効であるはずがない」とウォレスは述べていますが、この考えには私も大いに賛成します。

「自明の前提」への大いなる疑問

「ヒトはなぜはだかなのか」という問題について、自然選択ではうまく説明できなかったダーウィンは、代わりに「性選択」という別の理屈を打ち出しました。

単純に言えば、昔の男は体毛の薄い女性を好み、女はヒゲの濃い男を好んだので、ヒトの体は男のヒゲを残して徐々にはだかになっていったという、多少エキセントリックな理論なのですが、さすがにこれは無理があるでしょう。適応とはあまり関係がない装飾的な形質の話ならいざ知らず、はだかというのは生きるうえで決定的に不適応的ですから、わざわざそっちの方向に進化していくなんて普通は考えられません。

性選択などのオプションも含め、ダーウィンの言明というのは「機能第一主義」の権化と言えるもので、『種の起源』でも「生物は環境に適応するように進化する」というような話が延々と語られています。つまり、「機能が形質を徐々に変えていく」というのが彼の主張の要諦であるのは間違いありません。

ラマルクの「用不用説」の場合は「機能が形質を変える」ことを明示していました

が、両者の違いはそれが直接的か、間接的かというだけですから、機能第一主義に則っている点では共通しているのです。

変異の原因は遺伝子の突然変異だとするネオダーウィニズムの場合は、個々の変異の出現に関しては機能第一主義を脱してはいますが、「機能が適応的な変異を固定する」というその後のプロセスは「機能第一主義」であり、「生物は環境に適応するように進化する」というのは結局のところ、「生物はより機能的になるように進化する」と言っているのと変わりはありません。

そしてこれは、「その場所に適応していない変異が現れると淘汰される」ことを自明の前提としているのですから、不適応的なはずの「ヒトのはだか」が淘汰されないことを全く説明できないのはある意味当然です。

でも、「自明の前提」というのは本当に「自明」なのでしょうか?

適応的でない変異個体が現れたとして、その個体が生きづらいその場所にそのままとどまって、なすすべもなく淘汰されていくなんてことが本当にあるのでしょうか?

例えば冬のある日、あなたは上着を忘れて出かけたとします。あまりの寒さに凍えそうになっているのに、その場でただじっとしていることを選びますか？　少しでも暖かい場所に移動して、体を守ろうとするのが普通ではないですか？

　うちの近所をうろうろしている野良猫だって、暑い日は風通しが良くて涼しそうな場所でゴロゴロしているかと思えば、ちょっと肌寒い日は陽当たりが良い場所に移動して気持ちよさそうに寝ています。暑さや寒さを我慢して無理に同じ場所にとどまるなんてことを彼らは絶対にしないのです。

　動物の場合はこうやって、自身がより適応しやすい場所を探して移動するのが普通です。変異が起こった個体にも同じことが言えますから、変異のせいで居心地が悪くなったのであれば、その場を離れて自分が適応できる場所を探す、というほうがむしろ「自明」なのではないかと私は考えています。

形質の変化は意図的には起こせない

　例えば棲んでいる場所の気候が寒冷化した場合、寒冷化に適応的な変異を起こしたものはその場にとどまって生き延び、変異を起こさなかったり、逆に寒冷化に不適応な変異を起こしたりしたものは淘汰されて死に絶え、その場所の生物は徐々に寒冷化に適応的なものに変化する――。

これが従来のネオダーウィニズムの理論です。

けれどもそれが自分で動ける動物ならば、寒冷化に不適応的な変異を起こしたものが、暖かいところに自ら積極的に移動していく、というのは十分に起こり得ることです。

「移動した」という事実を知らないまま事後的にこの場所の生物を観察すれば、「温暖化に適応的な形質に徐々に進化した」かのように見えるでしょうが、本当はその生物自身が棲むのにふさわしい場所に自らやってきていた、というケースのほうがむしろ多いのだと私は思います。

例えば、5000万年くらい前までは4本の脚をもつ陸上動物だったクジラが、なぜ海での生活に適応的な形質に変わっていったのか、という質問に対し、ネオダーウィニズムの理屈で答えようとすれば、「棲んでいた陸地が海になってしまったので、突然変異と自然淘汰によって徐々に海での生活に適応的な形質に変わっていった」という説明になりかねません。

ある科学館のホームページに以下のような「クジラの足のお話」が掲載されていました。

今から6000万年から5000万年も前の大むかし、クジラのご先祖様は、陸を歩いていました。

それから水の中の暮らしになれるために、体の形や器官がいろいろと変わっていったのです。

まず、水の抵抗を少なくするために、体の形がスマートになりました。

前足はひれ状になり、尾は発達して先が尾びれに変化しました。

尾びれが発達してくると、使わない後ろ足がじゃまになってきます。

そしてついに、後ろ足は退化して無くなってしまいました。

とてもわかりやすく書かれていたので、あえて引用させていただきましたが、もちろんこれは、この科学館独自の考えというわけではなく、世の中で広く知られている「常識」です。きっと教科書にも同じようなことが書かれているでしょう。

でも、よく考えてみてください。

「水の中の暮らしになれるために、体の形や器官がいろいろと変わっていった」なんて簡単に言いますが、突然変異というのは偶然起きるものであって、意図的に起こせるものではありません。つい最近になって、使われなくなった器官は世代を追うごとに徐々に退化するのではないか、すなわち「用不用説」の「不用説」に関しては正しいのではないかとする論文が出ているのですが、少なくとも体の形をスマートにしたいなあと願うだけでスマートになれたり、ここが邪魔だなあと思ったらいつの間にか消えていた、なんてことは普通に考えればあり得ないのです。

生物は形質に適した環境を探して生きていく

ネオダーウィニズムの考えでは、一度の遺伝子の突然変異だけでいきなり水中の環境に適応できるわけではなく、繰り返し突然変異が起きて、徐々に徐々に進化するわけですから、環境にうまく適応する体になるまでには相当の年月を要するはずです。

ちゃんとした脚があるうちは陸地で生きるほうが明らかにラクなのですから、水中にとどまって徐々に適応的な変異が起こるのを待つより、とにかく陸地を探して生きやすい場所に早く戻ろうとするのが、動物の本能ではないかと私は思います。

植物の場合は基本的には自ら動くことができませんが、種子を広い範囲に飛ばすことができますし、珊瑚のように海中を漂っている生物（刺胞動物）なら、生息場所を変えることは可能でしょう。

現在、珊瑚の生息場所は千葉県とか神奈川県より南だと言われていますが、珊瑚の化石は宮城県あたりまで見られます。つまり珊瑚は、かつてはそのあたりに生息していたものの地球がどんどん寒くなって棲みづらくなり、その後、南のほうに撤退していったということなのでしょう。

このまま温暖化が進んでしまうと暑さに耐えられずに珊瑚が滅んでしまうなどと過剰に心配する人がいますが、暑いとなればまた、北のほうに移動していって、自分がいちばん生きやすいところに群落を構えるはずです。間違っても暑さに耐えながらその場に居座り、そのまま滅んでいく、なんてバカなことをするはずがありません。

そもそもの話、「偶然起きた突然変異のうち、その環境に適応的なものが生き延びて、適応できなかったものが滅んでいく」というよりも、「さまざまな突然変異が起こり、その場に適応的なものはそこで生き残り、不適応なものはより生活しやすい場所に移動していった」と考えるほうが現実的ではありませんか？　このシナリオのほうが生物の多様性を説明する理屈としても合理的です。

クジラの進化に関しては、
1、突然変異によって、たまたま脚の短い個体が生まれた
2、陸にいると短い脚のせいで敵から逃げられずに命の危険にさらされることが多くなった

3、仕方なく浅瀬に逃げ込むことを覚えた
4、代を重ねるうちに脚はより短くなって、ついにはなくなり、浅瀬でも生きづらくなって、大海原に泳ぎ出した

きっとこういう経緯があったに違いありません。もちろん大海原に泳ぎ出す以降の話なら、大きいほうが有利なので、徐々に適応的になっていった（体が大きくなった）という話で十分説明はできますが、脚の生えてるクジラは海の中で生きていくのは困難なわけですから、適応とか不適応を論じる以前の問題なのです。

私はこれを「能動的適応」と呼んでいますが、この例に限らず、生物というのは本来的に、「形質が先に変化して、その形質に適した環境を探して生きていく」ものなのだと思います。

ちょっとくらい不適応でも生物は立派に生きられる

遺伝子の突然変異にせよ、ボディプランの変更にせよ、形質の変化というのは、適

応とは無関係に起こるものです。もちろんこの形質があまりにも「生きること」に対して不適応なものであれば、生物は生き延びられずに死んでしまうでしょう。

だから、「偶然に起こった突然変異が適応的でなかった場合、その変異は淘汰される」とするネオダーウィニズムの理論は、「命に関わるほど極端に不適応な変異」においては、間違ってはいないと思います。

ただし、すべての形質が適応的でなくても、つまり、適応的でも不適応的でもなく、適応からは中立的（非適応的）な形質や、ちょっとくらい不適応な形質をもっていても、生物が生き続けることは可能です。無心に生物を観察すれば、適応的だとは言えない形質をもった生物はたくさんいます。ヒトの無毛のように明らかに不適応的なものもありますし、何の機能をもつのかさっぱりわからないものも結構多いのです。第3章で「表現型に影響を与えないような分子レベルの変異に自然選択はかからない」という話をしましたが、有利でも不利でもない表現型にも自然選択はかからないのです。

例えば、ツノゼミという半翅目《はんしもく》の昆虫は胸部背面に種ごとにさまざまな奇妙な飾り

胸部背面に機能不明の飾りをもつツノゼミ

があります。

　多くの昆虫学者や進化学者が、この飾りの機能的な意味をいまだに見いだせないままでいるのですが、たぶん意味などないのだと私は思います。ツノゼミは、こんな変な飾りをもっているにもかかわらず、絶滅しないで立派に生き延びているというだけなのです。

　機能第一主義に支配されてしまうと、「生物の形質は生存に何かしら役立つ」と思い込み、無駄な形質などあり得ないなどと考えます。

　例えば椅子は何のためにあるかというと座るためです。つまり、「座る」という機能のためにデザインされているのです。机だって、「ものを書く」という機能をもたせるためにあのような形になったのです。そういう目的で作られている以上、座れない椅子とかものを書くことができない机などは目的を果たすことができませんから、「あり得ない」と言われれば、確かにそうかもしれません。

人間の作りだすものというのはたいがいこのような「機能第一主義」でできているので、多くの人はそれが当たり前だと思いがちです。

でも、生物というのは、目的のためにつくられるわけではありません。だから実際には、ツノゼミの飾りとか人間のはだかのように、無駄だったり、時には不適応だとしか思えない形質をもつことは決して「あり得ない」ことではないし、そのままでも立派に生きることはできるのです。

「能動的適応」こそが生物本来の生き方である

形質が変化したことでより適応しやすくなることはあるとしても、適応するために形質が変化するわけではありません。先ほども言ったように、形質の変化は意図的に起こせるわけではないからです。

　ヒトの脳は、火を使用したり毛皮をまとうために、大きくなったわけではありません。巨大な脳を獲得して賢くなったから、寒さを防ぐために火を使用したり毛皮をまとえるようになったのです。脳だけでなく、さまざまなヒトの（もっと言うなら生物全般の）器官は、何らかの機能のためにつくられたわけではなく、機能はあくまでも後づけなのです。

　ヒトのはだかも、何らかの機能を果たすためにそのように進化したわけではなく、機能とは無関係の形質としてたまたま現れたのだと考えられます。

「機能第一主義」という価値観にあまりにとらわれてしまうと、「役に立たないものは無駄である」などと飛躍した考えをもつようになります。少し前に、ＬＧＢＴＱなどの性的少数者を「生産性がない」などと表現して問題になった国会議員がいましたが、あの人も相当な機能第一主義者なのでしょうね。

　ただ、こうした価値観が現代の多くの人の頭の中に刷り込まれているのは疑いようのない事実であり、それが生きづらさの元凶なのだと私は思います。「たいして役に立たない自分にここにいる意味があるのか」などと思い悩む人があとを絶たないのはまさにそのせいでしょう。

なかには「生きる意味」を延々と模索する人もいるようですが、私に言わせれば死んでないから生きているだけで、そもそも生きることに意味などありません。別に意味なんてなくていいのだというふうに割り切れば、うんと気楽に生きられるのです。

また、「適応する」ことが常に正しいのだと思い込むと、自分を環境に合わせたり、環境が変わるたびにそれまでの自分のやり方を変えなくてはなりません。それがうまくできないと、「適応障害」などと診断されたりもするようですが、それも「機能第一主義」の価値観によって人間が勝手につくり上げた病なのです。

自分の最も得意なやり方を遂行できる環境に自ら移動していく「能動的適応」のほうが、本来の生き方なのだと私は思います。ここでお話ししたように、「適応的な形質へと徐々に進化する」という言説自体間違っている可能性が高いのですから、みなさんもその価値観をリセットしてみてはいかがですか？

ネオダーウィニズムで「はだか問題」は解けない

「はだか」の話に戻りますが、前出の島は、ヒトがはだかのまま進化してきたのは、喉の位置が低くなる突然変異と無毛になるという2つの不適応な突然変異がまず偶然同時に起こり、さらに言葉を操るための神経系の発達や発話のための肺や口の周りの筋肉の発達がいっぺんに起こったせいではないかと主張しています。

喉の位置が低くなるのがなぜ不適応なのかというと、注意していなければ食べたものが詰まって窒息死する危険があるからです。食物の摂取は生きていくうえで非常に重要ですから、このような形質は明らかに不適応だと言えます。

ただし、喉の位置が下がったことで、ヒトはラクに口から息を吐き出せるようになりました。そこに神経系や筋肉の発達という偶然が加わって、「発話」という機能がまさに後づけで備わったというわけです。

ことばの獲得というのはきわめて優れた機能なので、喉の位置が食物のスムーズな摂取のためには低すぎるとか、はだかであるといった不適応な形質も十分カバーすることができたのだろうと島は言っています。もちろんこうした奇跡のような偶然はそう簡単には起こらないことは島も想定していて、ヒトだけに、しかも一回だけ起きた特殊事情であり、その時期は20〜30万年前だろうと推定しています。

なかなか魅力的な仮説なのですが、問題はいくつかの突然変異が奇跡的な重複で起きたとしても、その変異が維持される（集団中に広がる）ためには、相当強い選択がかかる必要があり、それはきわめて難しいのではないかという点です。

「喉の位置が低くなる」＋「無毛（はだか）になる」という突然変異が独立のものだとすると、「喉の位置は低くなる」という突然変異だけが起こった個体も存在するはずです。そうなると、「喉の位置が低くなる」＋「無毛ではない（毛皮がある）」個体のほうが圧倒的に有利なので、「はだか」という形質はむしろ淘汰される可能性のほうが高いのではないでしょうか？　あるいは2つの変異がリンクしていなければ、有性生殖の結果、変異遺伝子は別れていってしまうので、2つの変異が共に定着するのは難しいと思います。

このままでは、「ヒトのはだか」問題は解決できそうにありません。

この問題を手詰まりさせてしまうのは、個々の遺伝子が一つの形質に対応しているというネオダーウィニズムのパラダイムに拘泥しているからです。逆に言えば、そのパラダイムを脱することで、この問題の打開策は見えてくるのです。

無毛という形質が不可避に生じた可能性

２００９年に東アジアでよく見られるシャベル型の切歯とみどりの黒髪の遺伝子がリンクしているという研究が発表されました。一つの遺伝子が2つ以上の形質の発現に関係しているとすれば、ある形質が非適応的（適応とは無関係）だったとしても、あるいは多少不適応的だったとしても、別の形質が適応的ならば、非適応あるいは不適応的な形質も適応的な形質の副産物として存在し続けることは可能でしょう。

つまり、ヒトのはだかもそういう副産物的な形質なのではないでしょうか。実証されているわけではないですが、私は、脳の巨大化（あるいは言語の獲得）の随伴形質として、無毛という形質が不可避に生じた可能性が高いのではないかと考えています。

つまり、この2つの変異というのは島が言うような偶然の重複ではなく、互いにほかを拘束する変異であって、両者がセットでなければどちらも出現しないのです。「はだか」がきわめて適応的な形質とリンクしていれば、「はだか」という不適応な形質だけが淘汰されることはあり得ません。島も言っているように、ことばの獲得というのは多少の「不適応な形質」をカバーするのにあまりあるほど適応的です。だからもし、それと「はだか」がリンクしているのであれば、結果として「はだか」という不適応な形質が維持されたとしても不思議ではないのです。

ちなみにヒトの脳が巨大化したのはチンパンジーにあった特殊なノンコーディングDNA（遺伝子ではないDNA）を失ったからだという研究があります。

チンパンジーからヒトへの進化プロセスで、少なくとも510個のノンコーディングDNA配列が失われていることがわかっています。その一つが特定の脳領域の成長にブレーキをかけるDNA配列で、これを失うことにより脳が巨大化したのではないかというわけです。さらに言えば、510個のDNA配列のうちで機能がわかっているもうひとつはペニスの棘の形成に関与するもので、このDNA配列を失ったことでヒトのペニスの先端から棘が消えたと言われています。いずれにしろこれらは遺伝子そのものの変異ではなく、遺伝子を制御している機構の変異です。

ヒトの裸化も遺伝子そのものの変異ではなく、長い体毛を形成する遺伝子の発現が抑えられたことで起きたと思われます。そして「脳の巨大化」と「裸化」の形質発現プロセスは、遺伝子の発現制御というレベルでリンクしているのではないだろうか、というのが私の仮説です。

「はだか」は耐寒性という観点から見ると確かに不利なのですが、それでも凍死して絶滅せずにすんだのは、人間の脳が大きくなってそれを乗り越えるだけの知能をもったからでしょう。142ページで私は「人間の場合はたまたまほかの動物よりも知恵があるので、『服を着る』という手段で（はだかであることを）補っている」という言い方をしましたが、本当は「たまたま知恵がある」わけではなく、知恵がついたこと（脳が大きくなったこと）と「はだか」という形質には切っても切れない関係があるのかもしれません。

遺伝子と形質は一対一で対応しているわけではない

進化というものを考えるうえでは、ネオダーウィニズムを信じる人たちが長い間暗黙裡に考えていた「遺伝子と形質は一対一で対応している」という図式を超えなければ解決できない問題が山ほどあります。

もちろん現在の分子生物学では、遺伝子の本体であるDNAがmRNAをつくり、mRNAがタンパク質をつくるところまではわかっているので、例えばウイルスのようなレベルであれば（ウイルスは代謝をしないので一般的には生物とは見なされませんが）、DNAが変われば形質が変わり、DNAと形質は一対一対応をしているという理屈は間違ってはいません。

例えば大腸菌の中で増殖するT4ファージというウイルスは、それを形成する材料（タンパク質とDNA）をバラバラにして試験管に入れて振ると、自己集合して元に戻ります。つまり、DNAがタンパク質をつくりさえすれば形は勝手にできるのです。そういう意味で言えば、ウイルスの形質はDNAがすべて決めると言っても過言ではないでしょう。

でも、高等な動植物の場合は、そう簡単な話ではありません。例えば人間の手足をひとたびバラバラにしてしまうと絶対に元には戻りません。材料が自己集合して形をつくることはできないのです。

そしてｍＲＮＡがつくったタンパク質がどうやって最終的な形質なり、行動なりを導き出すのかは、今もなお解明できていません。

ＤＮＡをどれだけ改変しても大きな進化は起こらない

ダーウィンはたくさんの家畜を飼い、変異を人工的に起こす品種改良を間近で見て、長い時間をかければそれと同じこと、というより、それ以上のことが自然にも起こり得るのだろうと考えました。

当時はまだ遺伝子という概念がなかったので、ダーウィンにとって進化とはあくまでも「世代を継続して形質が変化すること」でした。ネオダーウィニストたちは進化を「集団中の遺伝子の変換と増減」だと捉え直しましたが、小進化が長い時間をかけて積み重なっていけば、結果として大進化が起こるというのは、ダーウィンとネオダーウィニストに共通する見立てだったのです。

もちろん見立てはあくまでも見立てであり、長い時間をかけて小進化が積み重なり、大進化と呼べる結果をもたらす様子を見た人は一人もいません。しかし、それを証明するすべがない時代においては、まあそういうことなのだろうなと多くの人が納得していたのだと思います。

ところが、1970年ごろから遺伝子を人工的に操作する遺伝子工学という技術が勃興し、DNAを簡単に切ったり貼ったりできるようになりました。

理解が怪しくなってきた方のためにもう一度説明しておくと、遺伝子の本体はDNAで、逆に言えばDNAの一部が遺伝子です。そして、DNAは塩基配列によって「情報」を維持していますので、「遺伝情報」というのは、第一義的には遺伝子の塩基配列のことだと考えてください。DNAを切ったり貼ったりすれば、塩基配列が変わりますから、変異を起こすことができる、というわけです。

自然界であれば偶然にしか起きないような変異を人為的にポンと起こせるわけですから、進化を解明するうえでの大きなネックとなっていた時間というファクターは障害ではなくなったのです。

遺伝子工学が始まった当初は、ネオダーウィニズムこそが正しいと信じ込まれていたので、DNAを組み換えたりすれば、場合によっては今まで見たこともないようなとんでもない生物ができるのではないかという懸念を誰もが本気で抱いていました。いきなり猛毒の細菌が生まれてくるのかもしれないなどと考えた人もきっといたと思います。だから遺伝子をいじる実験は、P4施設という厳重に管理された施設でしか行ってはいけないというルールもあったのです。

ところが、幸か不幸かそんな不安は、完全なる杞憂に終わりました。どんなにDNAを切り貼りしても、多少の奇形は生じるものの、マウスはマウスの域を出ることはなく、ショウジョウバエもショウジョウバエにしかならないのです。いくらDNAの改変を施したとしても、種を超えるような「大進化」は一切起こりませんでした。DNAをいじったところで、大したことは起こらないというのが常識になったため、規制はぐっとゆるやかになり、最近は大学の学生相手の実習でも、比較的自由に実験できるようになっています。

本質的な進化のメカニズムは別にある

遺伝子が変わることによって生物が徐々に変わっていくというのは間違いなくても、それを繰り返したとしても種を超えるような大きな進化は起こりそうにないことを遺伝子工学の実験結果は示唆しました。

1976年に出た『利己的な遺伝子』(日本版は1980年刊行)が世界的なベストセラーになったリチャード・ドーキンス(1941－)などは「自然選択の実質的な単位は遺伝子である」と言ってはばからず、「生物は遺伝子によって利用される『乗り物』に過ぎない」などと表現していますが、DNAや遺伝子だけで説明できるのは、せいぜい種をまたがないレベルの小さな進化でしかないことが証明されつつあったのです。

だとすれば、ネオダーウィニズムとは違う、もっと本質的な進化のメカニズムが存在しているはずです。

そこで私は、「ゲノムというのは遺伝子がただ連なっているだけではなく、上部構造と下部構造のように構造化されているのではないか、そして、ある構造のもとで遺伝子の発現が安定化したり、不安定化したりを繰り返す中で、生物が進化していくのではないか」という自分の考えを、1985年に『生物科学』という学術雑誌に発表しました。それが私の「構造主義進化論」の原点です。

「構造主義」というのは、「表面に現れているあらゆる現象の背後にはなんらかの構造が存在する」という考え方のことで、「構造主義生物学」は「生物の発生や進化という現象の背後にある構造を探知する」試みだということができます。それを最初に提唱したのは、高名な分子生物学者だった柴谷篤弘（1920－2011）や何人かの海外の研究者たちでした。なお、ここで言う「構造」とは、ルールやシステムと考えていただければわかりやすいでしょう。

そのような思考枠によって進化を理解しようというのが、「構造主義進化論」なのです。

もっともその論文を書いた時点では、自分の考えていることが構造主義生物学と呼ばれる領域にあるという認識は私には全くありませんでした。だから、たまたま私の論文を読んでくれた柴谷先生から「来年、日本に世界中から学者を集めて、構造主義生物学の国際シンポジウムをやるから、あなたも参加しなさい」と誘いを受けたときも、内心では「構造主義生物学ってなんだ？」なんて思いながら、１９８６年に大阪で開催されたシンポジウムでその話を発表したのです。

このシンポジウムの後、柴谷先生に頼まれて『構造主義生物学とは何か』（海鳴社）という本を書いたので、「構造主義生物学を日本で最初に言い出したのは池田清彦だ」と誤解されることが多いのですが、実際にはそのような経緯があったのです。

生物の形質を決めるのは遺伝子ではない

ゲノム解析の技術が発達し、近年では、ヒトをはじめ、さまざまな生物のＤＮＡの塩基配列の全貌が明らかになっています。

ネオダーウィニズムの理論では、生物の形質上の違いは、遺伝子の違いを反映しているはずなので、さまざまな生物のゲノムを解析して、それを比較すれば、違いを生み出している遺伝子を突き止めることができると多くの人が信じていたと思います。

ところが結局、どれだけＤＮＡの解析が進んでも、その生物がどのようにつくられるのかは解明できませんでした。そして、「ＤＮＡだけを調べてもどういう形質になるかはわからない」という事実が、「形質は最終的には遺伝子が決める」としていたネオダーウィニズムの根幹を揺るがすという皮肉な結果になっています。

ヒトゲノムの中にある約30億対の塩基配列がすべて明らかになり、その中に含まれる遺伝子の数は全ＤＮＡ配列のおよそ１・５％に当たる、約２万１０００であることもわかっています。遺伝暗号（１０５ページ）に当てはめていけば、それぞれの遺伝子がどんなタンパク質をつくるのかを知るのは原理的には可能なのですが、一つの遺伝子はタンパク質をつくる情報をもっている部分が切れ切れになっていて、その組み合わせ次第でいくつものタンパク質をつくるので、実際にどんなタンパク質がつくられるのかまで厳密にわかっているわけではありません。

しかし問題はそこではなく、合成できるタンパク質がすべて判明したとしても、それだけではどんな形質がつくられるのかがさっぱりわからない、ということです。

それはある意味当然で、遺伝子というのはその中にタンパク質をつくる情報が入っているというだけの存在であって、ただそこにあるというだけでは何も起こせないのです。

生物の形質を決めるのは、個々の遺伝子ではなく、遺伝子の発現を司っている構造(システム)です。つまり、「どの場所で、発生のどの時期に、どの遺伝子を働かせるか」によって結果(形質)は全く違ってくるのです。

例えば人間とチンパンジーは98・8%のDNAが同じであることがわかっていて、遺伝子もほぼ同じです。それでも形質が明確に違うのは、「遺伝子の使い方」に違いがあるからです。ショウジョウバエも全遺伝子数は約1万4000と遺伝子の数自体はヒトよりも少ないのですが、そのうちの60%はヒトの遺伝子と共通しています。

もっと言えば、生物の遺伝子は共通しているものが多く、形質が全く違う動物同士でも実はかなり似通っています。ある生物の遺伝子の完璧なリストを見せられても、その生物の形質を再現することは不可能なのです。

つまり、古典的なネオダーウィニストたちが想定していたような生物の形質を直接的に決める遺伝子など、そもそも存在しなかったのです。

遺伝子が、いつ、どこで発現するかで形質は変わる

実は遺伝子というのは大きく分けると2種類あります。一つは体の部品や酵素をつくる一般的なイメージの遺伝子で、それは「構造遺伝子」と呼ばれます。もう一つはその構造遺伝子の発現を促したり抑制したりする役割をもつ「発生遺伝子（発生制御遺伝子）」です。

発生遺伝子として最も有名なのは、体の中心線を軸に左右対称になっている動物には必ず存在する「ホメオティック遺伝子」です。

ショウジョウバエでは8種類が知られ、発現している遺伝子の組み合わせによって、

体の前後軸が決まります。一つのホメオティック遺伝子は、100個以上の構造遺伝子を制御しています。ヒトのホメオティック遺伝子は「Hox遺伝子」と呼ばれ、全部で39個あることが知られていて、これらの遺伝子は、4つの染色体にまとまったグループとして存在しています。

そのほか有名なのは、「Pax遺伝子」と呼ばれる発生遺伝子群で、脊椎動物ではPax1~Pax9の9種類があることが確認されています。

例えば、目をつくるのに必要なのはPax6という遺伝子で、この遺伝子が変異すると、目が小さくなるなどさまざまな異常が現れるのです。

また、例えば、恐竜のトリケラトプスは非常に大きな角をもっていたことで有名ですが、あれも発生遺伝子が、角を伸ばす遺伝子をずっとオンにし続けたせいだろうと言われています。

逆にオンにすべきときにスイッチが入らない例がエラをもつ状態で成長が止まってしまうウーパールーパーですね。サンショウウオの幼生型ですが、甲状腺ホルモンを投与してやるとエラがなくなって成体型に成長します。

角を伸ばす遺伝子がずっとオンになったことで角が大きくなったと考えられるトリケラトプス（右）と、成体型に成長する遺伝子がオンにならないことで幼生型のまま成長が止まるウーパールーパー（左）

このような発生遺伝子の働く「時期」がずれる現象は「ヘテロクロニー」と呼ばれています。

発生遺伝子が働く「場所」がずれるのが「ヘテロトピー」です。

有名なのは脊椎動物の顎で、初期の脊椎動物である魚にはもともと顎がありませんでしたが、口のところで働いていた発生遺伝子が少し後ろで動きだして、鰓弓《さいきゅう》（エラの穴と穴の間を支える骨）が顎に変化したのだと言われています。

カメの甲羅もヘテロトピーである可能性が高いでしょう。もともとは肋骨で、本来は肩甲骨の中にできるはずだったものが、発生遺伝子のスイッチが入る場所が変わってしまって、外に飛び出してきたのだと考えられます。

このような発生遺伝子が生物の形をつくるうえで重要な働きをすることは間違いないので、「なるほど、これが遺伝子の発現を司る構造か！」と思った人もいるかもしれません。

確かに半分は当たっているかもしれませんが、発生遺伝子もしょせんは遺伝子なので、その発現は別の「何か」に制御されているはずです。

では、その「何か」とはいったいなんなのでしょうか。

目を形成する遺伝子はヒトもショウジョウバエもほぼ同じ

1980年ごろからは発生遺伝学という分野が発達し、ある器官の形成にはどの遺伝子が関係しているのかが特定できるようになりました。そして同じ器官であれば基本的に、ほとんどすべての生物において、同じような遺伝子が働いていることがはっきりしたのです。

例えば目の形成に関わる発生遺伝子は先に述べたPax6ですが、目の構造がどれだけ違っているとしても、Pax6遺伝子自体はほとんど変わりません。ヒトの目はレンズ眼でその奥に網膜があるつくりになっていて、ショウジョウバエの目は小さな個眼が集合した複眼ですから、形質は全く違います。けれども、Pax6遺伝子の塩基配列を比較すると、なんと4%くらいの違いしかなかったのです。

そうなると、ヒトのPax6遺伝子がショウジョウバエの目をつくることもできるのかという疑問が湧いてきます。

そこで実験が行われました。

もちろん、ヒトの遺伝子を使うことは倫理上の問題がありますので、マウスを使った実験です。

実はショウジョウバエは、脚や触覚といった頭以外の場所でもPax6遺伝子を強制的に発現させるように改変することができます。そこで、マウスのPax6遺伝子をショウジョウバエの脚や触覚で強制発現させてみると、そこにはちゃんとショウジョウバエの目ができたのです。

導入されたのはマウスのＰａｘ６遺伝子だったはずなのに、ショウジョウバエの目ができ上がるのだとすれば、その理由として次のようなことが考えられます。

一つは、Ｐａｘ６遺伝子に制御される側のたくさんの構造遺伝子が、マウスとショウジョウバエでは多少異なること。

そしてもう一つが、遺伝子が発現して実際にその形質をつくる際の環境がマウスとショウジョウバエとでは全く異なることです。

すでに述べたように、遺伝子は存在するだけでは機能せず、発現しなければ役に立ちません。そして、遺伝子の発現を制御する重要なファクターとなるのは細胞内の環境なのです。

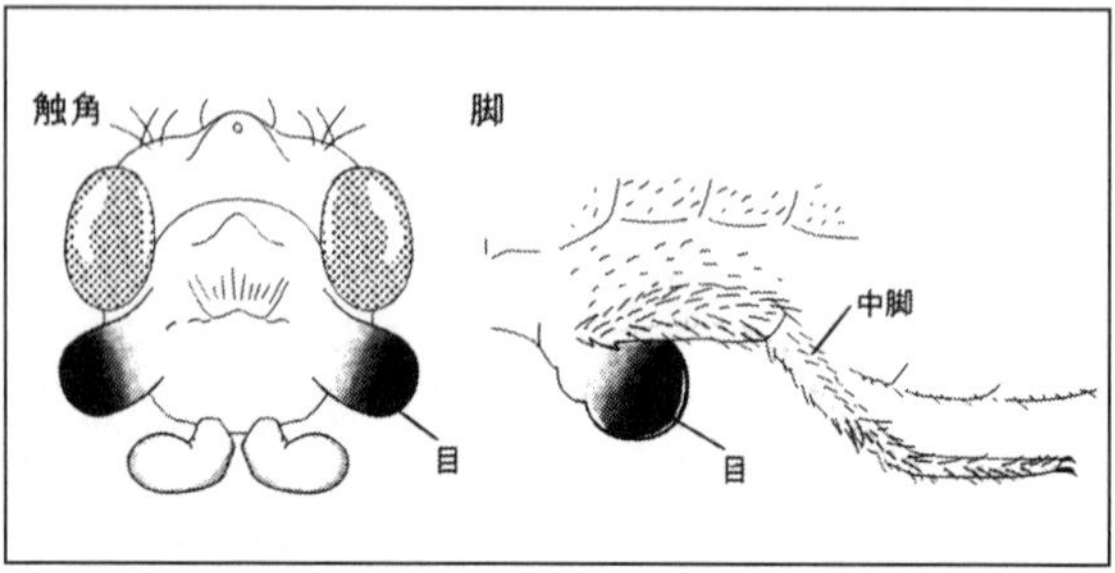

マウスのPax6遺伝子をショウジョウバエの脚や触覚で強制的に発現させると、ショウジョウバエの目ができた。出典：『さよならダーウィニズム』（講談社選書メチエ）

遺伝子の「発現パターン」は変えられる

ＤＮＡの塩基配列に変化を起こさずに遺伝子の発現が制御される仕組みのことを「エピジェネティックス」と言います。

エピジェネティックな変化を起こせば形質が変えられることは、実は１９４０年代から認められていました。

特に有名なのは、コンラッド・ハル・ウォディントン（１９０５－１９７５）によるキイロショウジョウバエの実験です。

キイロショウジョウバエには2枚の翅がありますが、産卵後2・5〜3・5時間の間の卵をエーテルの蒸気に晒すと、ある確率で４枚の翅をもつ個体が発生します。つまり、発生途中でエーテルという刺激が加わったことによって、発現パターン（表現型）が変わってしまったというわけです。

この４枚翅という形質は遺伝子の変異によって起こるわけではなく、本来働かないで眠っていた遺伝子が発現する、あるいはその逆によってもたらされたものだと考えられます。ただし、ＤＮＡの配列自体には変化はありませんから、その変異が次の世代に引き継がれることはないはずでした。

ところがウォディントンが、４枚翅になった個体の卵にエーテル処理を行う実験を繰り返していると、４枚翅のハエが出現する確率が徐々に高くなっていき、そしてなんと20代目には、エーテル処理を施さなくても４枚翅のハエが生まれてきたのです。

何度も繰り返したことで遺伝子が変わってしまったのではないかと考えるかもしれませんが、遺伝子自体は全く変異していません。つまり固定されたのは遺伝子の変異ではなく、「遺伝子の発現パターン」のほうなのです。

ウォディントンの実験は、遺伝子の発現パターンを変えられることを証明したものですが、このような発現パターンの変更はほかの生物の体の中でも実際に起こっています。

中でもよく知られているのが、ＤＮＡのメチル化です。

これはＤＮＡを構成している塩基の一つであるシトシン（Ｃ）に、メチル基という有機化合物が付着する現象のことで、ＤＮＡの上流からシトシン・グアニン（ＣＧ）

と並んでいるシトシンに起こります。このメチル化が起こることによって遺伝子の発現が抑えられることがわかっています。

このようなメチル化やそれとは逆の脱メチル化は、生物の発生段階では頻繁に起こっていて、あるタイミングでは特定の遺伝子をメチル化して使えなくしたり、また別のタイミングでは付着していたメチル基を取り除いて発現を促したりします。つまり、遺伝子は変わらなくても発現パターンが変わるので、異なる形質をもつ生物へと進化していくのに、このメチル化が大きく関わっていると考えられます。

メチル化自体を起こすのは、ＤＮＡメチル化酵素の働きです。酵素というからにはタンパク質ですから当然それをつくる遺伝子も存在します。だとすれば、結局ＤＮＡによって支配されているという堂々巡りの話になりそうですが、実はそうではありません。

メチル化というのは一つの個体のすべての細胞で同じように起きているわけではなく、ある細胞群のみ、あるいはある特定の発生ステージでのみ起こっています。

つまり、ＤＮＡメチル化酵素遺伝子はある特定の場所とタイミングでのみ働くので、ここでもまた、これを制御している「何か」が必要なのです。

別の部位のＤＮＡではないか、という考え方ももちろんあるでしょう。

でも、その話は無限には続きません。だって、ＤＮＡは有限なんですからね。

だから結局、行き着くのは「遺伝子の発現を制御しているのはその時々の細胞内の環境である」という答えなのです。

重要なのは「遺伝子をどう解釈するか」

ここまでの話は会社に例えると案外わかりやすいかもしれません。

つまり、体の部品や酵素をつくる構造遺伝子が部下で、発生遺伝子は上司なのです。

上司がいつ、どのような命令を出すかによって部下の働きは大きく変わってくるというのはあなたにも心当たりがあるのではないでしょうか。

ただし、そんな上司も実はその上の「何か」に手綱を握られています。それがまさしく会社というシステムであり、遺伝子にとってそれは細胞の環境に当たります。

結局、上司が何を優先するか、部下に対してどういう態度を取るかは、本人の人間性とかポテンシャルなどではなく、原則的には会社の方針によって決まるのです。だって方針に従わなければクビになってしまうのですから、従うほかありません。

これはまさに構造主義的な考え方なのですが、これと同じことが遺伝子と形質の関係にも当てはまります。

つまり、生物の形質がどうやって決まるのか、という問いに対して、生物を一つのシステムとして捉える「構造主義進化論」の見地から出せるのは、「その遺伝子を取り巻く環境がその遺伝子をどう解釈するかによって決まる」という答えなのです。

第5章

「構造主義進化論」で「種の起源」から振り返る

進化とは「発生プロセス」の変更である

「生物の形質はどうやって決まるのか」という問いに対して、生物を一つのシステムとして捉える「構造主義進化論」の見地から出せるのは、「遺伝子を取り巻く環境が、その遺伝子をどう解釈するかによって決まる」という答えです。

前章でも述べたとおり、発生遺伝子という名の上司遺伝子が、いつ、どのような命令を出すかによって部下遺伝子の働き方は変わります。そして、上司である発生遺伝子がどう働くか、ひいては部下遺伝子がどう働くかは、結局のところ、細胞の環境次第なのです。

突然変異などで「遺伝子が変わる」というのは、上司や部下が、研修を受けるなどしてちょっとした自己改革をするとか、人事異動で別の上司がやってきたり、部下の顔ぶれが変わる、みたいなものです。

そういうことでも会社の様子は少しは変わるでしょうが、基本的に彼らは会社のシステムに手綱を握られているのですから、会社の方針に変更がなければ、変わると言ってもたがが知れているでしょう。

DNAを切ったり貼ったりしたところで、種をまたぐような変異は起こらないというのはまさにそれで、自分たちは結構変わったつもりでいても、側から見れば大した変化は起こっていません。

ただし、会社の方針というのは時に変わることがあります。

例えば、訪問営業を主体にしていたのにネットでの営業戦略を強化する、みたいな変更ですね。こういう方針転換があると、上司も部下の指導の仕方を変えなければなりませんし、当然部下の働き方も変わってきます。もしかすると、これまで「使えない人材」とされていた人がネットには滅法強かったりして俄然実力を発揮し始めることだってあるでしょうし、逆にネットが使えない上司が窓際に追いやられてしまうかもしれません。

活躍する社員の顔ぶれや、発揮される能力が変わっていけば、側から見ても「あの会社、前とはなんだか違うなあ」と感じるくらいの変化は起こるでしょう。

さらに、例えばこれまで食品を売っていたのに、服を売ることにするとか、あるいは、販売業から製造業に変更するみたいな、非常に大きな方針転換がなされた場合は、もはや以前の会社の影はなくなります。全く別の会社に生まれ変わったと言ってもいいでしょう。

会社の見え方にこのような違いを生み出すのは、個々の部下とか上司の資質そのものではなく、つまるところは社員を取り巻く会社という環境の変化なんですね。

生物の形質が変わる状況もまさにこれと同じです。

遺伝子そのものの変化というよりも、遺伝子を解釈する側、つまり遺伝子を取り巻く環境が変化するからこそ、その形質は大きく変わるのです。

「遺伝子を取り巻く環境の変化」で形質は大きく変わる

誤解のないように言っておきますが、遺伝子の突然変異によって形質が変わり、その形質がオリジナルのものよりも環境に対してより適応的だった場合には、自然選択によって変異個体が徐々に集団内に広がっていくという、ネオダーウィニズムが主張するような進化のメカニズムの存在を、私は否定したいわけではありません。

例えば鳥なら、ほかより速く飛べるようになるとか、高く飛べるようになるとか、少し大きくなるとか小さくなるとか、あるいは色が変わるとか、そういった種をまたがないレベルの小進化であれば、それで十分説明できるからです。

ところが、それ以前の、羽が生じて空を飛べるようになる、みたいなことは話が別です。そういう大きな進化は、遺伝子が変わるというだけで起こることはありません。

また、小さな進化が少しずつ積み重なって起こるわけでもありません。初期の遺伝子工学からさらに進み、ゲノム編集という遺伝情報を自在に書き換える技術を手に入れた研究者だって、DNAをいじって種を超えた進化を起こすようなことは、一度だって実現させられていないのです。

大事なことなので繰り返しますが、大きな形質の変化を引き起こすのは、遺伝子というよりも、「遺伝子を取り巻く環境の変化」です。すなわちそれは、遺伝子の発現を司るシステム（構造）の変更と言い換えることもできるでしょう。

このようなシステムの変更は、遺伝子の発現メカニズムを大きく変えるので、形質を一気に変えてしまいます。もちろん、その後の細かな微調整は自然選択により徐々に進むのでしょうが、大進化そのものは、小進化の延長線上にあるわけではなく、一気にドカンと起こるのです。

例えば鳥は爬虫類から進化したと言われていますが、ちょっとずつ羽が生えてきて、徐々に徐々に空に適応していったわけではありません。「羽が生える」という大きな形質の変化がまず起こり、そのあとで飛ぶという機能を獲得したのです。

もちろんたった1世代で、というのはさすがに難しいかもしれませんが、せいぜい数世代のうちに一気に進化した可能性は高いでしょう。その辺はもう、自然選択とは明らかにレベルの違う話なのです。

ただし、ダイナミックな「生物の進化」をもたらすシステムの変更というのは、そう簡単な話ではありません。

あるシステムのもとで遺伝子の発現がうまくコントロールされていたのですから、システムが変われば多くの場合、そのバランスは崩れてしまいます。そうなると、そもそも生まれてこないか、生まれてもすぐに死んでしまうでしょう。

会社にしたって、先ほど例に挙げたような、食品を売っていたのに急に服を売ることにしたり、販売業から製造業に変更するみたいな大胆な方針転換がうまくいくとは限りません。そのまま会社が立ち行かなくなる可能性も高い、一か八かの賭けのようなものであることは容易に想像できるはずです。

発生途中で起こるこのような選択を「内部選択」と言いますが、その内部選択をうまく切り抜けられるかは、自然選択よりもはるかに難しい問題です。だからこそ、形を大きく変化させた生物が死なないで発生するというのは、進化においては「大事件」と呼ぶべき出来事なのです。

そもそも最初の生物はどのようにして生まれたのか

そのような大事件、つまり大進化がどういう条件で起こり得るかを考えるうえでの大きなヒントは、約38億年前から始まったとされる生物進化の歴史に隠されています。

生物が生まれる前提にはもちろん地球の誕生がありますが、それは今から約46億年前だったと言われています。

最初の地球は表面がマグマの海に覆われていて、まるで火の玉のように熱かったのですが、その後、熱が放出され、だんだんと冷えていったと考えられています。ゆっくりとではなく、一気に冷えたのではないかという説もありますが、いずれにしろ、40億年ほど前からは水蒸気が水滴となって落ちてきて、海洋も形成されました。

そんな地球に最初の生物がいったいどのようにして生まれたのかは、まだはっきりとはわかっていません。

ただ、生命の必須要素はタンパク質なので、生物の起源を考えるには、それがどうできたのかを解明する必要があります。

ご存じのようにタンパク質は、アミノ酸がつながることでできるので、まずはアミノ酸の起源を探らねばなりません。もともとは宇宙から来たのではないかという説も根強く残っているようですが、アミノ酸自体は比較的簡単に自然の中で合成されることがわかっています。

1953年にそれを証明したのは、スタンリー・ロイド・ミラー（1930－20

07）という化学者でした。

当時シカゴ大学の大学院生だった彼が、メタンやアンモニア、水素、そして水蒸気という、原始地球の大気中に存在していたと考えられる気体をフラスコの中に満たし、雷を模した放電を繰り返したところ、フラスコの中にグリシンやアラニンなどのアミノ酸がつくり出されたのです。のちに「ユーリー＝ミラーの実験」と呼ばれるようになるこの実験は「生命の起源」に関する最初の実験的貢献とされています。

また最近、アンモニア水にCO_2を吸収させ、100℃に加熱して紫外線を照射するとアミノ酸ができるということもわかってきました。原始の地球上に最もたくさんあった大気はCO_2ですから、そこから最初のアミノ酸ができたという可能性もあります。

どれが本当の原因かは定かではありませんが、アミノ酸自体は無機的な条件だけで、つまり生物の介在なしでも比較的簡単にできる、というのはどうやら間違いなさそうです。

その次の段階、つまり、アミノ酸がつながってタンパク質になるというのはそう簡単な話ではないのですが、なんらかの方法でとりあえずタンパク質ができたとしても、それだけでは生物が生まれる保証はありません。

そもそも生物とはいったいなんなのか、という定義も実は難しいのですが、自己複製の機能、つまり、自分と同じような子孫をつくり出す機能を有することは大きな特徴の一つとして挙げることができるでしょう。

生物がもつ自己複製のための分子となるのは、これまで何度も話題にしてきたDNAです。

だから、リチャード・ドーキンスが「生物は遺伝子の乗り物である」と主張し始めたころは、まず地球上にDNAが生まれて、それがいろんな生物の体をつくっていったことで生物の歴史が始まったという「DNAワールド仮説」を唱える人が多くいました。

ただし、DNAというのは人工的につくることは可能ですが、自然の中ではまずできません。そもそもその複製には必ず酵素が必要で、酵素というのはタンパク質でできていますから、だったらやはりタンパク質のほうが先じゃないかという話に当然なっていくわけです。

ところが、現在の生物において、タンパク質がどうつくられるかを決めているのは、ＤＮＡの遺伝情報なんですよね。

だから、「タンパク質が先か、ＤＮＡが先か」という論点にすると、「鶏が先か、卵が先か」という話になってしまって、結局答えが出なくなってしまうのです。

熱水噴出孔ならタンパク質が生まれ得る

その後、１９８６年になって出てきたのが、物理学者のウォルター・ギルバート（１９３２－）による、「ＲＮＡワールド仮説」、つまり、最初にできたのは「ＲＮＡ」ではないかという仮説です。ＲＮＡにはＤＮＡの情報をコピーしてそれをもとにタンパク質をつくる機能がありますから、ＲＮＡがあればタンパク質はつくられるのではないかという話ですね。

しかも、都合のいいことに、ＲＮＡには自分自身に酵素の働きをもたせる機能が少しあるので、自己複製できることもわかったのです。それで「RNAワールド仮説」が俄然、現実味を帯びることになりました。

ただ、それはDNAにも言えることなのですが、「じゃあ最初のRNAはどうやってつくられるのか」という問題は残されたままです。

RNAはウラシル（U）、シトシン（C）、グアニン（G）、アデニン（A）という4つの塩基がリン酸と糖からなる鎖の上で、規則ただしくつながっている構造です。そんな複雑な構造をもつRNAがどうやって「自然に」つくられたのかは明確にはわかりません。それが「RNAワールド仮説」の最大の弱点なのです。

現在は、やはりまずはタンパク質ができたのだろうとする「タンパク質ワールド仮説」と呼べるものが有力だと私は思いますが、その中でも最も可能性が高そうなのが、工学博士の池原健二（1944－）が唱えている「GADV仮説」というものです。

これは、グリシン、アラニン、アスパラギン酸、バリンという、単純なアミノ酸が原始の地球上で無機的につくられて、この4つのアミノ酸がランダムに結合し、まず「GADVタンパク質」ができたのではないかという説です。なお、GADVというのは、４つのアミノ酸のそれぞれの略号である「G」「A」「D」「V」を並べたものです。

先ほど私は「アミノ酸がつながってタンパク質になるというのはそう簡単な話ではない」というふうに話しましたが、熱水噴出孔（海底火山）の周りならそれが可能だったのではないかと思われます。海底の海水は冷たく、熱水噴出孔から噴き出す水は高温なので、高温と低温の水がモザイク状に混ざります。こういう環境下なら高温と低温の間を出たり入ったりすれば、アミノ酸が連なり合う反応が進行し得るので、そういう場所で「ＧＡＤＶタンパク質」ができたのではないでしょうか。

私の知り合いで長岡技術科学大学名誉教授でもある松野孝一郎（１９４０－）は、冷たい水の中にグリシンといういちばん単純なアミノ酸をたくさん入れ、そこにいきなり熱水を入れていくとグリシンがどんどん重合し、ポリグリシンというポリペプチドになることを実験的に証明しています。ポリペプチドはアミノ酸が10個以上重合したもので、タンパク質と呼べる物質になるには50個以上の重合が必要ですが、海底の熱水噴出孔のエネルギー量や環境をもってすれば、それは十分に可能でしょう。

原始的な進化のプロセスはタンパク質→RNA→DNA

じゃあ、「GADVタンパク質」がどうやって生物を生み出すのかという話ですが、「GADVタンパク質」には擬似複製能力がある、というのが前出の池原の考えです。擬似というからには、完全な複製ができるわけではないのですが、生物の誕生にとっては、擬似であったことが重要なのです。

完全に同じものだけがひたすら複製されているうちは、最初に生まれたタンパク質がただ増えていくだけで、それ以上に「進化する」ことはありません。でも、似てはいるけれど少し違うものを複製する（厳密には複製という表現は変なのですが）とすると、そこから多様なタンパク質が生まれます。

そうやって生まれた多様なタンパク質の中に、RNAの構成単位であるヌクレオチドを合成する触媒作用をもつものが現れ、のちに遺伝暗号として機能する塩基三つ組が蓄積したのでしょう。そしてこの三つ組が特定のアミノ酸と結びつき、初源の遺伝暗号が形成されたのではないかということです。

最初に出現したRNAはアデニン（A）、ウラシル（U）、グアニン（G）、シトシン（C）という塩基が連なった一本鎖ですが、AはUと、GはCとくっつきやすい性質がありますから、重合すれば二本鎖のRNAになります。その後、Uがチミン（T）に代わってDNAができたわけです。

つまり、まず最初にタンパク質ができて、それがRNAをつくり、最終的にDNAができたというのが、生物の進化の最初のプロセスだというのが池原の考えなのです。

もちろんこの仮説が正しいのかどうかは証明されてはいませんが、まあ、再現実験は基本的には不可能でしょう。すでに多数の生物に満ち溢れている世界においては、アミノ酸はすぐに既存の生物の体に取り込まれてしまうので、池原の言うような化学進化によって新たな生物をつくる方向には向かわないのです。

池原の理論は単純すぎるという批判も一部にはあるようですが、明快かつ合理的であるのは間違いなく、私は現時点ではこれが最も可能性が高いのではないかと考えています。

すべての生物の共通の祖先は古細菌？

タンパク質とＤＮＡができてしまえば、ＤＮＡはタンパク質を原料とする酵素によって複製され、ＤＮＡがＲＮＡをつくり、ＲＮＡが新たなタンパク質をつくる、という生物の基本メカニズムが確立されます。

また、最初の生物は深海の熱水噴出孔のようなところでできたと考えられるわけですが、初期の地球表面は飛来してくる宇宙線（高エネルギーの放射線）が非常に強く、生物が生きるには不都合だったので、そういう意味でも深海という環境は非常に都合がよかったのでしょう。

熱水噴出孔周辺に最初に出現した生物は、「古細菌（アーキア）」ではないかという説が有力です。なぜなら好熱菌とも呼ばれる古細菌は熱に強く、１３０℃くらいの温度でも死滅しないからです。それがおそらく、今から38億年ほど前だろうと言われています。

この説が正しいのならすべての生物の共通の祖先は古細菌ということになり、そこから分岐して真正細菌（バクテリア）と呼ばれる普通の細菌も生まれていった、ということになりますね。

ちなみになぜ、38億年前だとわかったのかというと、グリーンランドの約38億年前の地層に濃縮されていた炭素を調べたところ、軽い炭素（炭素12＝^{12}C）の比率がそれ以前のものよりも高かったからです。生物由来の炭素は^{12}Cの割合が高くなることがわかっており、つまりそれは生物が存在していた証拠になると考えられるのです。

大量の酸素を出して天下をとった「シアノバクテリア」

古細菌と真正細菌は細胞膜の中に剥き出しのDNAをもつ原核生物に分類されますが、そこからしばらくは原核生物だけの世界が続きます。

大きな変化が起こるのは28億年前〜27億年ほど前のことです。

地球に地磁気（マグネティックバリア）ができて、これが宇宙線をブロックしてくれるようになったため、原始的な古細菌や真正細菌が地球の表面に浮いてきても、そのまま生きられるようになったのです。

すると、それらの中から太陽の光をエネルギー源として、CO_2と水から生命活動に必要な養分を自らつくり、要らない酸素を放出する能力を身につけた、つまり、光合成ができるようになった新たな原核生物が生まれたのです。

これが「シアノバクテリア」と呼ばれるものですが、CO_2も水もほぼ無限にありますから、ものすごい勢いで増えていったのは想像に難くありません。

また、それ以前にはほとんど存在しなかった、大気中あるいは水中の酸素は、その当時、地球上にいたほかの原核生物にとっては毒だったので、シアノバクテリアのせいで酸素濃度が高くなるにつれ、嫌気性の環境（酸素がない環境）に適応していた細菌はどんどん死んでいったと思われます。こうして地球は一気に、シアノバクテリアの天下になっていったのです。

地球の酸素濃度は高くなる一方で、21億年くらい前になると生存のために酸素を利用する真核生物が出現します。真核生物は細胞の中にＤＮＡを保護する核という構造をもち、ミトコンドリアと呼ばれる酸素呼吸を司どる細胞内小器官を有する生物です。

真核生物は「細胞内共生」によって生まれた可能性が大

原核生物がどのようにして真核生物へと進化したのかは、長きにわたってあまりよくわかっていませんでした。実はそれも、突然変異と自然選択で生物は徐々に徐々に進化するというネオダーウィニズムの理論に縛られていたせいです。

ところが1967年に、リン・マーギュリス（1938－2011）という女性の生物学者が、「細胞内共生説」という理論を提唱します。それはネオダーウィニズムに真っ向から対立するものだったせいで、なんと15回もの掲載拒否の憂き目に遭い、16回目にしてやっと『理論生物学ジャーナル』という雑誌に掲載されました。

「細胞内共生説」とは、大まかに言えば、大きな古細菌が小さな真正細菌を食べようとしたものの、うまく消化することができず、取り込まれた真正細菌もホストを殺すことができなかったために、取り込まれた真正細菌がホストの古細菌の細胞内で共生し始めた、という仮説です。そういう経緯で真核生物が生まれたのではないかとマーギュリスは考えたのです。

大きな古細菌が小さな真正細菌を食べるというのはそれなりの頻度で起こっていたのでしょうが、ほとんどの場合は、入ってきた真正細菌が消化されるか、ホストが殺されるかして、そのまま共生するようなことはまず起こらなかったでしょう。ただ、だからといって可能性はゼロではなく、中にはさまざまな偶然が重なって、うまく共生できた個体もいたのではないかという話です。

人間の起源でもある真核生物がそんなアクシデントで生まれたなんて、にわかには信じられないかもしれませんが、エネルギー生産を行うミトコンドリアは好気性の細菌由来で、植物の葉緑体はシアノバクテリア由来であることが遺伝子解析の結果わかっています。

だから現在では、彼女の説は多くの専門家に支持されており、少なくともミトコンドリアや葉緑体が外から取り込まれたことを否定する生物学者はいません。

地球環境の激変でDNAの使い方が変わった！

最初の真核生物はたった一つの細胞でできている単細胞生物だったでしょうが、その後に出現するのが、複数の細胞で体が構成される多細胞生物です。

動物や植物はそのほとんどが基本的には多細胞生物ですから、多細胞生物ができたことによって生物の進化史はここから新たな、そして重要なページをめくることになるわけです。

単細胞生物と多細胞生物の大きな違いは、単純に言えば、分裂した細胞をくっついたままにすることができるかどうか、です。

例えばアメーバとかゾウリムシのような単細胞生物は、細胞が2つに分裂すれば、2つの個体ができ上がります。一方、ヒトの受精卵などは1個の細胞から発生しますが、細胞の数だけ個体が増えるなんてことは起こりませんよね。つまり、多細胞生物の場合は分裂した後もバラバラになることはなく、細胞同士はずっとくっついているわけです。

細胞同士の接着に関与する糖タンパクとして有名なのは、発生生物学者の竹市雅俊（1943－）が1969年に発見した「カドヘリン」です。カドヘリンの発見は多細胞生物の発生のメカニズムを解明するうえで非常に画期的なことでした。その功績によって、彼はノーベル賞候補者に何度も名を連ねており、2020年には、ノーベル賞受賞の登竜門と言われる「ガードナー国際賞」を受賞しています。

その後、カドヘリンにはいろんなタイプがあることや、カドヘリンを助けるようなタンパク質があることもわかってきました。つまり、どのタイミングでどのタイプのカドヘリンが発現するのか消えるのか、あるいはどのタイミングでその働きを助けるタンパク質が使われるのかによって発生パターンはまるっきり変わってきますから、そういうことで生物の多様性は生まれてくるんですね。

一般にもよく知られるコラーゲン（タンパク質）にも細胞同士をくっつける役割があり、多細胞生物の細胞外基質の主成分になっています。カドヘリンであれ、コラーゲンであれ、もしくはそれとは違う分子であれ、とにかく、細胞と細胞をくっつけるものが、多細胞生物の出現には必要だったのです。

例えば襟鞭毛虫《えりべんもうちゅう》は単細胞の原生生物ですがコラーゲンをもっていることで知られています。単細胞生物でありながらも、コラーゲンのような接着剤となる物資をつくることができる生物がいることは、単細胞生物が多細胞生物へと進化したプロセスを示唆しています。

ただし、多細胞生物というのはあくまでも、異なる機能をもつ細胞の集合体です。細胞同士がただくっつくというだけでは、多細胞生物にはなりません。つまり、襟鞭毛虫がたくさん集まったからといって、多細胞生物にはならないのです。

機能分化をするには、Aという細胞とBという細胞とCという細胞で、それぞれ遺伝子の使い方を変える必要があります。そのシステムの開発は容易なことではなかったに違いありません。

真核生物の出現は約21億年前ですが、多細胞生物ができたのは約6億年前です。おそらく15億年という気の遠くなるような時間をかけて、生物は新しいDNAをつくり出し、その量も徐々に増加していったことでしょう。ただし、その時点でDNAは将来の可能性を秘めたまま、ただそこに存在していただけなので、表面的には大きな変化は起きていません。第4章で繰り返しお話ししたように、DNAが「そこにある」だけでは形質を変えたりすることはできないからです。可能性に満ちたDNAをつくったはいいけれど、その使い方がわからなかった、というわけなのです。

でも、「何か」のきっかけで細胞のシステムが大きく変わり、虎の子のDNAがうまく使えるようになりました。その結果として多細胞生物が出現したのでしょう。

では、その「何か」とはなんなのでしょうか？

有力なのは、地球全体が完全に氷床や海氷に覆われる「全球凍結」で、私もその可能性は大いにあると考えています。

地球の歴史上、全球凍結は4度起きたという説が有力で、今から約7億年前と6億年前のものは特に大規模だったと言われています。

全球凍結の後は、地球は一気に高温になり、約6億年前の全球凍結の後は地球の気温は50℃くらいまで上昇したと言う研究者もいます。

なぜそこまで気温が上がったのかというと、地球全体が氷に覆われたせいでCO_2

を吸着する海洋がなくなってしまったうえ、CO_2を取り込んで光合成をする生物もほとんどいなくなったせいです。一方で火山活動は活発なままですからCO_2は容赦なく放出され、大気中のCO_2濃度は相当なレベルまで高まったと考えられます。

そう言うと、やっぱりCO_2は地球を温暖化させてしまうのだな、などと考えるかもしれませんが、全球凍結とその後のCO_2濃度の上昇というのは、数百倍というレベルの上昇なので、近年のCO_2濃度の上昇とは桁違いのスケールの話です。もちろん、CO_2が地球の温度を上げるのは確かですが、今の上昇レベルは地球温暖化の主因にはなり得ません。温暖化しているという話自体にも怪しい部分が見え始めたので、最近は気候変動という表現が好んで使われるようになりましたが、いずれにしても人間が地球全体の環境に与えられる影響など微々たるもので、基本的にはあくまでも自然現象だと捉えるべきなのです。このへんのことは拙著『専門家の大罪』（扶桑社新書）あるいは『環境問題の嘘　令和版』（MdN新書）に詳しく書いているので、興味がある方はぜひそちらも読んでください。

話が少しそれてしまいましたが、全球凍結の後の地球環境は、かなり短い期間のうちに、極寒の世界から灼熱の世界へと激変しました。

そういう環境の激変は、真核生物の細胞に外部から相当な影響を与えたのは間違いありません。そのせいで、遺伝子ももちろん変化はしたでしょうが、それ以上に細胞のシステムのほうが大きく変化したのではないかと私は考えています。

つまり、「全球凍結がきっかけとなった地球環境の激変」によって、細胞のシステムが変わり、長い時間をかけて増やし続けてきたDNAがうまく使えるようになったことで、さまざまな多細胞生物が一気に出現することになったのです。

エピジェネティックな変更は遺伝する場合がある

環境が変わることによって生物の形質が変わる原因は「発生プロセスの変更」であると、ひと言で言うのは簡単ですが、その内実はどうなっているのでしょう。

DNA（遺伝子）の突然変異も原因の一つでしょうが、遺伝子がよく似ていても（あるいは同じでも）形質がかなり違う生物が存在することから考えると、遺伝子そのもののの変化というよりも、繰り返しになりますが、エピジェネティックな変更、すなわち遺伝子の使い方の変更のほうが重要なのではないかと思います。

DNAのメチル化の話はすでにしましたが、環境変動によってDNAのメチル化が起き、これが遺伝子の発現を制御して形質が変わり、このメチル化が次世代に遺伝する場合があることがわかってきました。

例えば、セイヨウタンポポを低栄養状態に置くとDNAのメチル化のパターンが変化して、次世代を低栄養状態下に置かなくても、このメチル化のパターンは次世代に遺伝します。これはラマルクが想定した、「よく使う器官は発達してそれが次世代に遺伝する」といったタイプではありませんが、分子レベルで起こる獲得形質の遺伝であることは確かです。

ヒトでもエピジェネティックな変更が遺伝する場合があることがわかっています。第二次世界大戦の末期、連合国軍に追い込まれたナチス・ドイツは、まだ支配下にあったオランダのレジスタンス運動を抑えるために、オランダへの食糧封鎖を敢行します。

それに追い打ちをかけるように、1944年から1945年にかけての欧州の冬は記録的な寒さとなり、オランダは深刻な飢饉に陥って、必要カロリーの半分にも満たないといった状況がナチス・ドイツが崩壊するまで、7か月も続きました。そのせいで450万人もの市民が栄養失調に陥り、2万2000人が餓死したと言われています。

ところがそんな中でも、なんと4万人もの新生児が生まれているのです。

誕生した新生児は当然栄養状態が悪かったのですが、成人に育ってみると、肥満、糖尿病といった代謝障害になりやすく、統合失調症の罹患率も、通常の2倍ほど高かったようです。飢餓によりDNAメチル化が起きて、代謝を司る遺伝子の発現に影響を及ぼしたのが原因のようです。そして恐るべきことに、この傾向は次世代にも現れました。DNAメチル化という獲得形質が遺伝したのです。

エピジェネティックな変更はDNAのメチル化だけでなく、「ヒストン」という染色体を取り巻くタンパク質を修飾することによっても起こります。

ヒストンは染色体に巻きついて、「クロマチン」という構造をつくり、DNAの転写を阻止します。すなわち遺伝子が存在しても発現しない状態になるわけです。

このヒストンにアセチル基やメチル基がつくとクロマチンの構造が緩んでDNAが発現しやすくなったり、逆に強く巻きついてDNAの発現が難しくなったりもします。ほかにもヒストンに付着する分子はいくつか知られており、こういった分子がつくことを「ヒストンの修飾」と呼びます。このヒストン修飾も環境変動によって誘導され、次世代に遺伝する場合があることがわかっています。つまり、これも獲得形質の遺伝なのです。

環境は生物のどこに作用するのか

「発生プロセスの変更」は、環境変動がこういったエピジェネティックな変化を引き起こし、それが次世代以降に遺伝して起こるのではないか、というのが私の考えです。

多細胞生物の進化にとって重要なことの一つはもちろん形質の変化です。

多細胞生物は分裂した細胞がバラバラにならないで、接着分子によってくっついてまとまることによってできたという話はすでにしました。多細胞生物の細胞の表面にはたくさんのタンパク質分子が分布しており、発生を始めると、このタンパク質を介してほかの細胞とくっついたり離れたりして、形質がダイナミックに変わっていきます。

表面タンパク質の発現を決定しているのは遺伝子をコントロールしているエピジェネティックな細胞内外の環境でしょう。表面タンパク質の発現パターンが規則的に変わることによって、ダイナミックな形態形成が起こると考えられます。

おそらく、受精卵の内外の環境条件が最初のエピジェネティックな状態を決定し、あとは遺伝的カスケードに従って、ほぼ自動的に形態形成が進んでいくものと思われます。そう考えれば、発生プロセスの変更を引き起こす最大の原因は、環境変動による卵へのインパクトでしょう。環境変動で引き起こされた卵のエピジェネティックな変化が次世代に遺伝すれば、生物は一気に進化するはずです。

そしてもう一つ、多細胞生物の進化にとって非常に重要なことがあります。

それは組織の分化（一つの受精卵からさまざまな機能をもつ細胞がつくられること）パターンの変化です。

　同一個体のすべての細胞は基本的に同じＤＮＡをもっていますが、異なる組織では発現している遺伝子が違うので、つくられるタンパク質も違います。だからＤＮＡが同じでも、例えば一方は皮膚組織になり、もう一方は肝臓の組織になるわけです。

　しかも、一つの組織の細胞で発現している遺伝子は全遺伝子の中のごくわずかです。だとすれば、正常な組織細胞を維持するには、いかにして余計な遺伝子を発現させな・いかが最も重要になるはずです。さっき話した染色体のクロマチン構造も、余分な遺伝子を発現させないためのものですが、そう考えるとそのメカニズムが必要なわけがよくわかりますね。

　ちょっと話がわき道にそれますが、組織にとって不用であったり有害であったりする遺伝子が発現すると、細胞が不健康になって老化が進みます。だから、長寿遺伝子として知られるサーチュイン遺伝子は、余分な遺伝子の発現を阻止することで細胞を健康に保つ働きをしていると思われます。

　進化と言うと、形質の変化にばかり目を奪われますが、個々の細胞の中で働くタンパク質の分布パターンの変化も重要です。多細胞動物は無胚葉動物（カイメンなど）、二胚葉動物（クラゲ、サンゴなど）、三胚葉動物（プラナリア、アサリ、クワガタムシ、エビ、ウニ、ヒトなど）と、組織の分化程度によって分類されます。

二胚葉動物は内胚葉と外胚葉をもち、三胚葉動物はこれらに加えて中胚葉をもちます。胚葉を決めているのは細胞の中の遺伝子の発現パターンの違いです。これを決定しているのも、おそらく遺伝子を制御しているエピジェネティックなメカニズムのはずで、これが環境変動によって変化すれば、大きな進化が起こると考えられます。組織の違いを決めているタンパク質を発現させる遺伝子を制御しているエピジェネティックな変化が、ひとたび卵の中で起これば、遺伝的カスケードによって発生が進み、ほぼ一意に（自動的に）成体になります。したがって、この場合も進化を起こす最も重要な要因は、卵の中で生じた環境からのバイアスによるエピジェネティックな変化だと思われます。

環境が形態を変えるエビデンスがはっきりわかっている例としては、オサムシの後翅の退化があります。

生物学者の大澤省三（1928－2022）を中心とするグループは、青森県の十三湖付近に分布するマークオサムシでは湿地に生息するものは後翅が発達し、乾燥地に生息するものでは後翅が退化することを見いだしました。アカガネオサムシでも北海道の湿地に産するものは後翅がよく発達し、乾燥地に産するものは後翅が退化しているそうです。また、十三湖付近のマークオサムシの個体群の後翅の退化程度がまちまちであることから、単純な遺伝子の突然変異で起きたわけでもなさそうです。

乾燥地帯では樹木が少なく空を飛ぶメリットがないので、後翅が退化したのではないか、つまり、この観点からは「用不用説」の、少なくとも「不用説」は正しそうだというのが大澤の意見です。

ただ湿潤地帯のマークオサムシも、後翅は発達していても飛べないので、ただ単に、空気中の湿度がエピジェネティックな変化を起こして後翅の縮小を起こさせただけなのかもしれません。いずれにしても、環境は形態を変える直接的な原因になることがあるのは確かなようです。ただし、これはマイナーな変化で、種が変化するといった大きな進化ではありません。

環境に適応的な獲得形質の遺伝の例としてよく引き合いに出されるのは「ケアンズ現象」です。

これは、ラクトースを分解できなくなった大腸菌の株をラクトースしか食べ物がない培地で培養すると、次々と突然変異を起こして、ラクトースを分解できるような大腸菌に変化する現象です。環境に適応的な変異を起こしてそれが遺伝する例としてよく知られていますが、実は飢餓に直面した大腸菌はすさまじい速さで突然変異を起こすのです。突然変異自体はランダムで方向性はないのですが、突然変異の数が多いので、なかには適応的なものも含まれており、それが選択されて急激に数が増え、環境に適応的になるのだと思われます。そう考えると環境が適応的な変異を起こすのとはちょっと違うのかもしれませんね。

生物の激的な多様化は地球環境激変の時期に起きている

生物の進化を見ていると、新しい生物がたくさん出てくるのは、決まって多くの生物が絶滅したあとであり、それはすなわち、地球環境が激変した時期でもあります。

いちばん最初の大絶滅が起きたのは、先カンブリア時代とも呼ばれる原生代（25億年前から5億4000万年前）の最後にあたる、ヴェンド紀です。

当時は、エディアカラ生物群というさまざまな多細胞生物がいたことがヴェンド紀の地層から出た「エディアカラ化石生物群」によって明らかになっています。

エディアカラ生物群は外骨格をもたないソフトボディの動物で、二胚葉動物だと考えられていますが、ヴェンド紀の終わりにエディアカラ生物群のほとんどは絶滅しています。

エディアカラ生物群の描図

その後「カンブリア紀」（5億4000万年前～4億9000万年前）になると、生物が一気に多様化する「カンブリア大爆発」が起こります。それもきっと、環境の激変によって細胞のシステムが大きく変わり、例えば今まで眠っていた遺伝子が機能したり、遺伝子の使い方が複雑になったりしたことが、短期的な多様化につながったのでしょう。

古生物学者のスティーブン・J・グールドは、カンブリア紀には現在よりはるかに多い「門」が出現したのだと主張しています。

「門」というのは、生物の分類における大きな単位で、動物だと「動物界」の次にくるのが「門」であり、その下に「綱」「目」「科」「属」「種」と続きます。

例えばヒトで言えば、「動物界」「脊索動物門」「哺乳綱」「霊長目」「ヒト科」「ホモ属」「ホモ・サピエンス」という分類になります。「脊索動物門」は魚類・両生類・爬虫類・鳥類・哺乳類など背骨のある動物（脊椎動物）すべてと、それに近縁な頭索動物（ナメクジウオ）や尾索動物（ホヤ）までを含む大きな分類群です。体長が数ミリほどの尾索類のオタマボヤから30m以上のシロナガスクジラまでが同じ「門」に含まれます。

現在の地球上の動物の「門」の数は研究者の見解によって異なりますが、34か35くらいだと考えられています。また、脊索動物門にしてもこれを上門（門より上の分類群）として、頭索動物、尾索動物、脊椎動物を門に格上げすることを主張する研究者もいます。

いずれにしても「門」はベーシックなボディプラン（体の基本形態）を共有する動物のグループで、節足動物門（昆虫やクモ、甲殻類など）、軟体動物門（貝類やタコやイカなど）といった大きなグループから、腹毛《ふくもう》動物、毛顎《もうがく》動物といったあまり聞き慣れないグループまであります。興味のある人は動物分類学の本を調べてみてください。生物多様性の高さにきっと驚くことでしょう。

つまり、こういう「門」レベルで大枠が違う生物が一気に現れるくらい、「カンブリア大爆発」はすさまじかったのだとグールドは主張したわけです。

「門」の数自体は、カンブリア紀も今もそれほど変わらないとする研究者もいますが、おそらく今よりも多少は多くて、その後、絶滅してしまった「門」が少なからずあったのは間違いないでしょう。それらの「門」が今も生き残っていたとしたら、そこから進化した奇妙奇天烈な動物が現在も見られたのかもしれません。もっと言えば、その前のエディアカラ生物群の絶滅がなければ、現在生きている生物の多様性は今とは全くレベルの違うものになっていたはずです。

実は「カンブリア大爆発」によって生まれた生物の大半は、カンブリア紀が終わるまでに絶滅しています。そこには自然選択が働いたのだろうというふうにも解釈できますが、グールドは、それは単なる偶然だと主張しています。

つまり、生き残ったものは機能的に優れていたとか、生き抜くうえで特段有利だったというわけではなく、単に運がよかっただけだとグールドは言っているのです。

それが本当かどうかは確かめようがありませんが、自然選択がまったく働かなかったということはないはずです。

ただ、個人的には非常に面白い見解だと感じます。

極端に適応度が低ければすぐに滅びてしまうでしょうが、とりあえずなんとか生きられそうなものは生き延びるというのが生物です。必ずしも最適な環境で皆が生きているわけではなく、そそこの条件の場所が見つかれば、そこそこに生きていくことはできるのです。適応とは関係なく運が悪くて絶滅した種もいたでしょうが、逆に運よく生き延びた種もいるというのは、その通りだと思います。

生物は単純になるより、複雑になるほうが簡単

これまで私は「発生システムの変更」という表現を使ってきましたが、もっと具体的に言うとそれは「発生システムの重層化」です。

つまり、現在使っているシステムを前提にして、その上に何らかのサブシステムを重ねていく、ということです。

生物のシステムの機能というのは決して止めることができません。もちろん人工的なシステムであれば、一度分解してから全く新しいシステムを組み立てていくことも可能でしょうが、生物の場合、そうはいかないのです。生物を分解すればその途端に死んでしまいますからね。生物にとっては、全く異なるシステムを新たに立ち上げる

より、今あるシステムを回しつつ、その上に新しいサブシステムを付加していくのが最も簡単なのです。

もちろん、システムをいっさいがっさい組み替えるというのも全く不可能というわけではないのでしょうが、まるで違うシステムを立ち上げるとなると、既存のシステムとの間に何らかの矛盾が生じるはずです。だから大方の生物はそこを乗り越えられずに死んでしまうに違いありません。

そういうことから考えれば、進化というのは単純から複雑へというのが基本パターンになります。複雑になるというのは難しいことのように思えますが、生物においては単純になることより、複雑になることのほうが簡単なのです。

例えば、大きな原核細胞が原始ミトコンドリアを取り込んで真核生物になったあとは、酸素呼吸ができるミトコンドリアが細胞のエネルギー産生を一手に引き受けることになるでしょう。そういう細胞システムがひとたび機能し始めると、ミトコンドリアを追い出して元に戻るなんてことはきわめて難しいはずです。つまり、真核生物はそれ以降、ミトコンドリアによる酸素呼吸を前提として進化せざるを得なくなるのです。

同じことは、もっとずっとあとの進化現象にも見られます。無脊椎動物から脊椎動物へと進化したものは、もはや無脊椎動物のシステムには戻れませんし、両生類は魚類のシステムを基本的に温存したうえで、両生類固有のサブシステムを重ねたものなので、ひとたび両生類へと進化したものは、もう二度と魚類に戻ることはできません。

また、あるシステムを有している生物種がすべて滅んでしまうと、そのシステムは二度と出現しません。エディアカラ生物群の中には、カンブリア紀から始まる古生代以降の生物にはいっさい見られない不思議な形質をもつものが生存していました。これらの生物はヴェンド紀の終わりに絶滅しましたが、そのような形質をもつ生物はその後二度と現れていません。

つまり、生物というのは、現行のシステムを破棄して新システムをつくることはできず、すでにあるシステムにサブバージョンを付加することでしか大きな進化を起こすことはできないのです。それが科学技術の進歩や社会システムの変化とは全く違うところです。

新しいシステムが一気に定立するのが大進化

大進化が「発生システムの重層化」によって起こるのだとすれば、ダーウィンの系列を引き継ぐ分類学者たちの、生物の分岐の順序に基づいて分類をするのが最も合理的だとの主張は疑問です。古くは「ヘッケルの系統樹」が有名ですが、系統と分類はパラレルにはならないのです。

「ヘッケルの系統樹」は、分岐したときはほとんど同じであるものが、突然変異と自然選択によって徐々に変わっていき、結果として全く違った生物群ができる、つまり、形質の大変化は事後的に決まるというダーウィン的な考え方に基づくものです。

けれども「構造主義進化論」では、同じシステムが維持されたままの種分岐は、たとえ古い時代に起こっていたとしても瑣末《さまつ》なものであり、新しいシステムが一気に定立することがすなわち大進化であると考えます。

例えば魚類という、脊椎動物の中ではプリミティブ（原始的）なシステムの上に、新しいシステムを開発したのが両生類で、言い換えると、魚類のシステムをすべて維

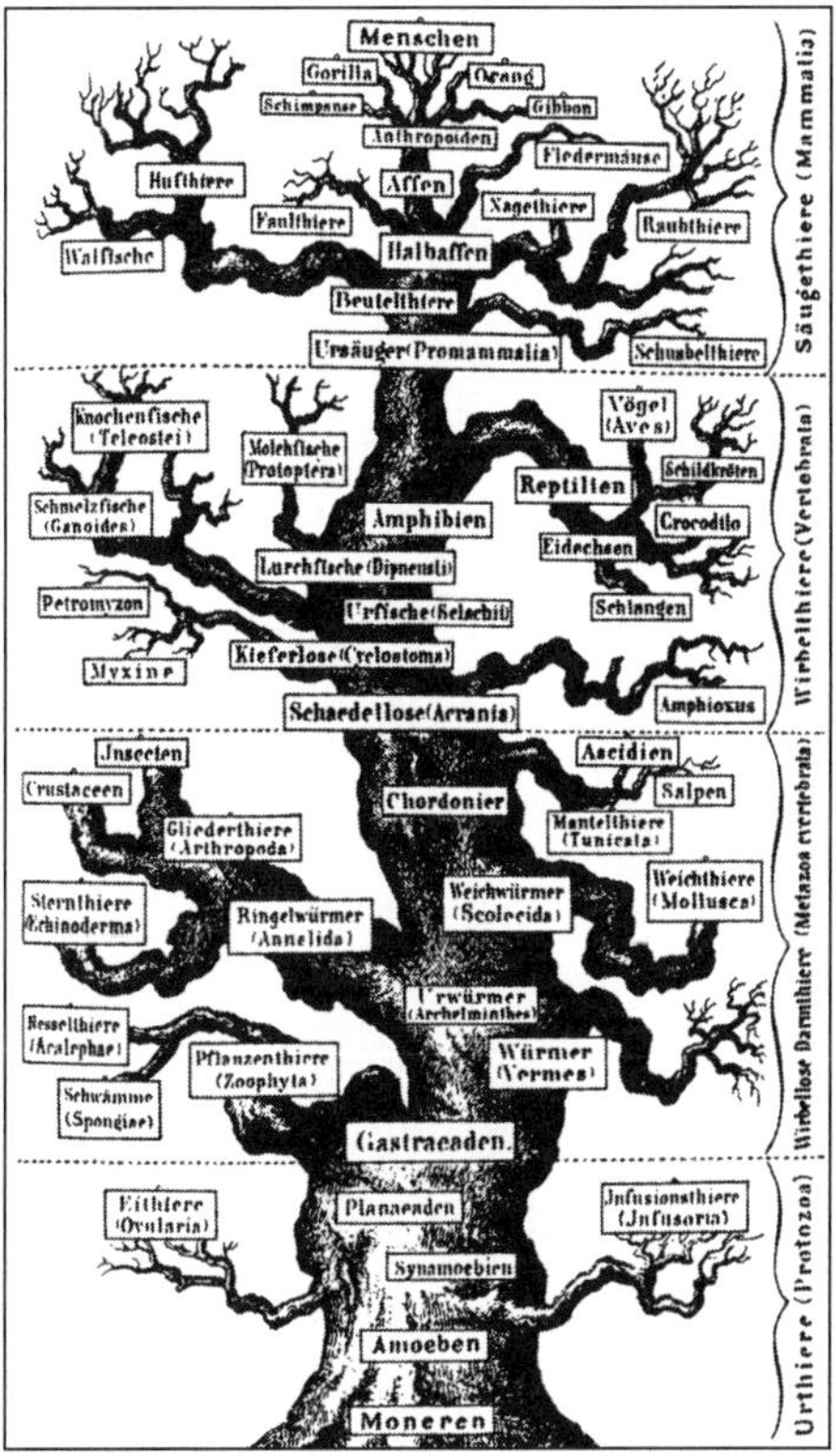

さまざまな生物が共通の先祖から分岐して進化していく様子を示した「ヘッケルの系統樹」

持したまま、さらに何かのシステムを付加したことによって両生類が生まれたのです。
さらにその上に別の新しいシステムを付加したのが爬虫類で、つまり、爬虫類は高等な両生類でもあり、高等な魚類でもあります。

鳥類は進化的に見ると少し特殊なので鳥類と爬虫類の関係にはやや疑問が残りますが、爬虫類のシステムにさらに別のシステムを付加したのが哺乳類であるのは間違いありません。

そのように考えた私は、『分類という思想』（新潮選書）の中で、魚類が一番外側にあって、両生類、爬虫類、哺乳類の順に中心に向かって同心円を描くという左ページ図のような分類を主張しました。

新たなシステムを開発することが進化上のいちばん重要な出来事だと考えれば、哺乳類が魚類より高等であることは一目瞭然で、魚類と哺乳類が等価である、なんていうのは詭弁だと言わざるを得ません。

ダーウィンの影響なのか一部の分類学者は、高等か下等かなどと表現すること自体、自分たちが最も高等であるという前提に立った人間の傲慢だなどと言ったりしていますが、「構造主義進化論」の見地から言えば、新しいシステムが開発され付加された

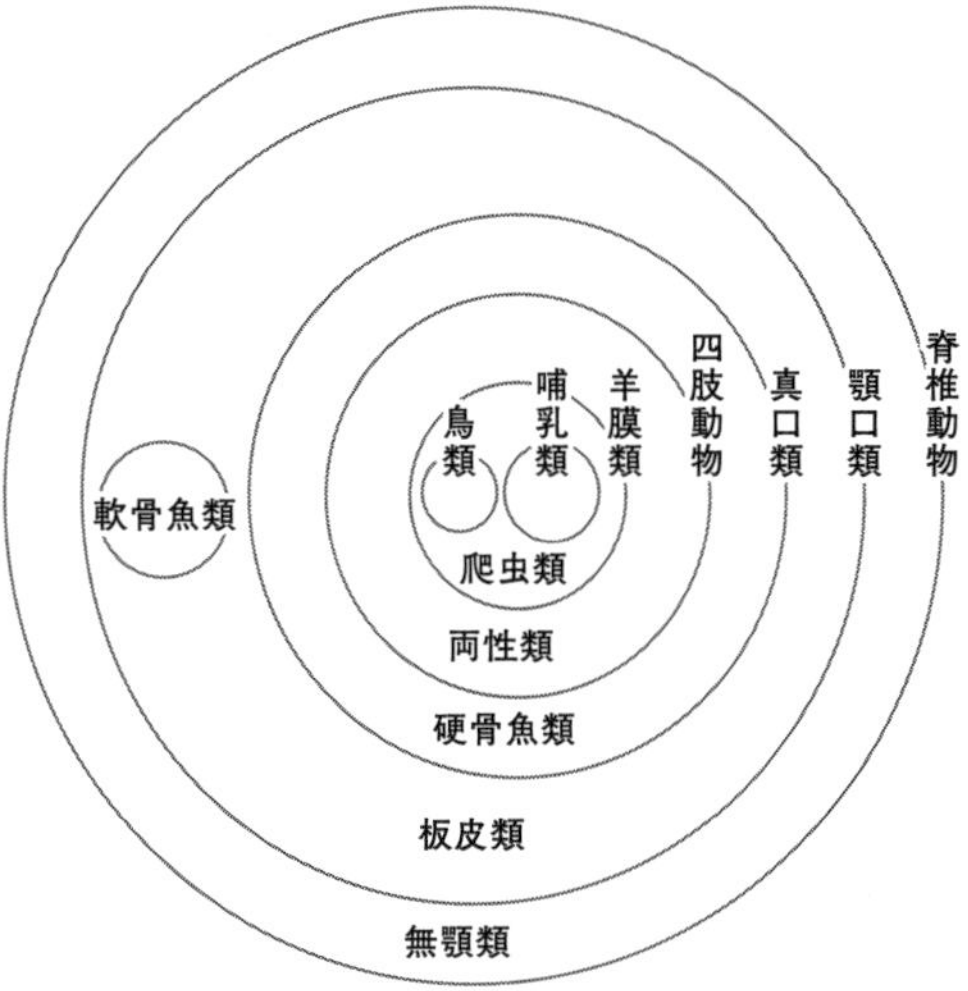

構造主義生物学的な分類では、新たなシステムが付加されるほど同心円の中心に向かう。※『分類という思想』（新潮選書）をもとに作成

ものほど「高等」なのだと断言できます。

例えばクルマには非常にプリミティブなものがあり、その原理を生かしながら新しい機能を付加してより「高等」なクルマが生まれます。最初のクルマが魚類なら、より高速で走れるようなシステムが追加されたスポーツカーが哺乳類なのです。

アクシデントで起こる大進化の実証はおそらく不可能

原核生物から真核生物への進化、あるいは、単細胞生物から多細胞生物への進化、そして、「カンブリア大爆発」による生物の劇的な多様化や、それよりずっと後の魚類から両生類、爬虫類、そして哺乳類への進化といった、「大進化」のメカニズムは、漸進的な「自然選択説」では説明できません。

これらの大進化の原因は、「発生システムの変更」、厳密に言えば「発生システムの重層化」であることはここまで繰り返しお話ししたとおりですが、そういう「大事件」は、地球環境の劇的な変化のような言わば「アクシデント」によって、あくまでも恣意的に起こるものです。別に何らかの目的のために起こるわけではなく、それらはすべて偶然なのです。

また、大きな進化ほど、突発的でエポックメイキングな出来事によってドカンと起こると考えるほかありません。そしてその後の細かな修正、つまり種をまたがないレベルの小進化を、突然変異や自然選択が担っているのです。

私が35年以上主張し続けているこのような「構造主義進化論」の理論は、最初に発表したときから原理的には何も変わっておらず、もちろん、今も自信をもっています。

正しいと言うからには証拠を見せろと言う人が時々いて、まあその気持ちはわからないでもないですし、実験室の中で大進化を起こして見せることができればそれに越したことはないでしょうが、残念ながら現時点でそれは不可能だと言わざるを得ません。最初にお話ししたように、それが進化論の宿命のようなものですから、仕方がありません。

でも、先のことはわかりませんから、50年後とか100年後には、そんな実験も簡単にできるようになるのかもしれません。できたらできたで怖いことが起きて、今度こそ、我々は全く新しいモンスターみたいなものをつくってしまうのかもしれません。

いずれにせよ、私は鬼籍の人で、もしかするとそうなる前に人類は滅んでいるのかもしれませんけどね。

おわりに

私が、進化は「遺伝子の突然変異」「自然選択」「遺伝的浮動」「性選択」ですべて説明できるという、いわゆる「ネオダーウィニズム」の理論に疑問を抱き始めたのは1980年代の初頭で、そのころの日本の生態学会は、ドーキンスに代表される極端なネオダーウィニズム一辺倒でした。

しかし、新しい分類群の出現といった大きな進化は、ネオダーウィニズム的なプロセスでは説明不可能なことは、私の目には自明であったので、やれ「利己的遺伝子」（ドーキンスらが提唱した「自然選択や生物の進化を遺伝子中心の視点で見る理論」を表現するのに盛んに用いられたことば）だ、やれ「ミーム」（文化を形成する脳内の情報。ほかの脳にも複製可能で、遺伝子と影響し合いながら進化するとされる）だと能天気に浮かれている連中を憐憫の思いで眺めながら、私は、学会にも顔を出さずに、ひたすら「構造主義進化論」の構築に情熱を注ぎ込みました。それは『構造主義生物学とは何か』（海鳴社、1988）、『構造主義と進化論』（海鳴社、1989）、『構造主義進化論の冒険』（毎日新聞社、1990）、『分類という思想』（新潮社、1992）といった書物に結実しましたが、1990年代に入ってからも多くの生態学者はネオダーウィニズムという沈みゆく泥船にしがみついていたように思います。

それから時は流れて、蓄積された科学的事実は徐々に「構造主義進化論」に整合的になってきました。中には、「池田の言っていることは要するに『エピジェネティックス』で、そんなことは今では常識だ」と言う人まで現れました。

しかし、私がネオダーウィニズム批判を始めた1980年代の半ばごろに、そんなことを言っている人はほぼ皆無だったわけで、後出しじゃんけんで威張る人が現れたということは、「構造主義進化論」の優位性を雄弁に物語っています。

大進化は、環境が卵に作用してエピジェネティックな変化が起こり、それが発生プロセスを変えて、さらにこのエピジェネティックな変化が遺伝するといったメカニズムで起こることはほぼ間違いないと思います。

今回の本は、厳密さを損なわない範囲で、できるだけジャーゴン（専門用語）を避けて書き、読んでいるみなさんが退屈しないように、歴史上の人物のエピソードなども紹介しました。楽しんで読んでいただけたなら、著者として幸いです。

池田清彦

2023年8月　猛暑で蝉もあまり鳴かない高尾の寓居にて

池田清彦（いけだ きよひこ）
1947年、東京都生まれ。生物学者。東京教育大学理学部生物学科卒、東京都立大学大学院理学研究科博士課程生物学専攻単位取得満期退学、理学博士。山梨大学教育人間科学部教授、早稲田大学国際教養学部教授を経て、現在、早稲田大学名誉教授、山梨大学名誉教授。高尾599ミュージアムの名誉館長。生物学分野のほか、科学哲学、環境問題、生き方論など、幅広い分野に関する著書がある。フジテレビ系『ホンマでっか!?TV』などテレビ、新聞、雑誌などでも活躍中。著書に『騙されない老後』『平等バカ』『専門家の大罪』（ともに扶桑社新書）、『SDGｓの大嘘』『バカの災厄』（ともに宝島社新書）、『病院に行かない生き方』（PHP新書）、『年寄りは本気だ：はみ出し日本論』（共著、新潮選書）など多数。また、『まぐまぐ』でメルマガ『池田清彦のやせ我慢日記』（http://www.mag2.com/m0001657188）を月２回、第２・第４金曜日に配信中。

編集協力／熊本りか　装丁・DTP／小田光美
イラスト／カワチコーシ　写真／アフロ

扶桑社新書 474

驚きの「リアル進化論」

発行日 2023年9月1日　初版第1刷発行

著　　者………池田清彦
発 行 者………小池英彦
発 行 所………株式会社 扶桑社
〒105-8070
東京都港区芝浦1-1-1 浜松町ビルディング
電話　03-6368-8870（編集）
　　　03-6368-8891（郵便室）
www.fusosha.co.jp

印刷・製本………中央精版印刷株式会社

Printed in Japan　ISBN 978-4-594-09571-0